U0943975

OVER

THE

RAINBOW

想成心事

如何成为成功、健康、幸福的人

OVER THE RAINBOW

The Path to Success, Heath & Happiness

翟海潮 著

江苏凤凰科学技术出版社

分享幸福

万通集团创始人 冯 仑

海潮给我印象最深刻的一点，就是在他获得财务自由之后，一直在把他的思考与感悟，以及金钱之外的满足感分享给大家。海潮的分享方式很独特，他不像一些人在公众场合滔滔不绝地演讲，也不像有些人在饭桌上与人侃侃而谈，更不是对着某几个朋友持续地说教，而是把自己想要表达的思想都放在了他的书里。海潮告诉我，他今生最大的愿望就是“实现经济和思想上的独立”。目前“经济上的独立”已经实现，他说今后会每年写一本书，用自己的思想影响他人，影响世界，向“思想上的独立”目标迈进。这是一种很高的境界，也是追求众善的情怀。力所能及地做一些对社会有益的事，也是我积极主张而且一直在做的。

每次看到海潮和别人在一起谈话时的状态，都让我感觉到他是个标准的“理工男”，可是当看到他的作品时，又感觉他有文科的开阔视野和历史纵深感。他的作品给人一种透明、阳光、积极向上的感觉，而且非常有文采。

海潮很会讲故事。《心想事成》讲的是如何让自己变得成功、健康和幸福，他居然像写寓言故事一样，写得生动有趣，深入浅出。而且，他还把自己的观察和感悟，用“理工男”擅长的公式和定律来表达。比如，如何让自己成功呢？请遵循“志、识、恒”三要素；如何让自己健康呢？请遵照“心理平衡、饮食平衡、动静平衡”三原则；如何让自己快乐呢？也是遵守三定律——“宽容、投入、意义”。然后，他又用到很多对话、图表来对比、求证和总结。这真是一种非常有意思的写法，同时也传达了一种非常明了、准确的观念。他把自己想要传达的成功、健康、幸福的理念变得更具操作性，把哲学家讲的抽象概念变得可以衡量和转化，这大概就是“理工男”写人文著作所表现出来的独特智慧。

我愿意把这本书介绍给大家，也会把它放在手边，时不时地拿来翻看。我一直很难将一个“理工男”冷峻和严谨的形象和这本充满想象力和温度的著作联系在一起。当我们看惯了人文学者写给我们的“鸡汤”之后，再来看一下“理工男”以自己擅长的定律方式、通过亲身体验为我们精心熬制的“鸡汤”，的确是一种很特别的体验。

在阅读和体验的过程中，我们会越来越觉得成功、健康、幸福不可偏颇，就像海潮在书中所讲的，精彩的人生就像一个鼎，靠成功、健康、幸福三只脚来支撑。少了任何一只脚，鼎就会倾覆；同样，成功、健康、幸福少了其中任何一项，人生就是不圆满的。钱再多、权力再大、名声再响，如果没有了健康，一切都将化为乌有；同样，事业很成功，而活得不幸福，人生也是有缺憾的。这本书的闪光之处在于，它把人生共同的追求——成功、健康、幸福有机地结合了起来，介绍了一套简单易行、梦想成真的方法。海潮是成功、健康、幸福的实践者，是那个真正做到的人，这就更显示出本书的实用价值。

分享幸福，这大概就是让海潮快乐和满足的原因。期待每位读者都能成功、健康、幸福，这是海潮写作此书的目的。所以，为了不辜负海潮，也不辜负我们未来美好的生活，我们应该打开这本书，从第一页开始读起，慢慢感受海潮充满温度的定律和智慧。

《心想事成》通过一位年轻人与智慧老人的对话，来讲述人的成长过程中所遇到的问题和困惑，年轻人从智慧老人那里得到教诲，经过不断实践，获取成功、健康、幸福，从而实现了自己理想的生活。

每一个过来人在回过头看自己的人生时，都会感慨在人生关键的时期，能够遇到一个如书中所述的智慧老人该有多么幸运。而如果人生可以重来，每个人也都会期待自己能有一个类似本书前言中所讲的 ABC 三步走的金字塔式人生规划。

智慧老人的形象，就像是两个人生的临界点与轮回点。老人说，看到年轻人的样子，就想到了曾经的自己。而处于迷茫之中的年轻人在老人的指点下，获取成功之后又将人生感悟传给下一代，自己最终也成了一位智慧老人。这种在“得到与给予”中的轮回传承，才是本书的真正智慧。人的一生中一直在获取，向别人获取爱，向社会获取知识与财富，向大自然获取无尽的资源。得到的过程虽然快乐，却并不幸福，而投入到有意义的事业之中，给予他人爱与帮助，才是自我超越、实现幸福人生的智慧之法。

心想才能事成。书中的梦想、规划和行动，才是成功、健康和幸福的源头。老人已经渡河上岸，而他留下的智慧和经验，即是本书开给年轻人的人生良方。

《心想事成》给人耳目一新的感觉，催人奋进！读了这本书，你会觉得生活更充实，目标更明确，人生更有意义。

——蒙牛集团副总裁孙先红

《心想事成》是一部好书，值得一读。该书适合不同年龄段的人生梦想与追求。因为你心有所想，就是种下这个因，接下来制定计划、付诸行动、寻求帮助、坚持努力，这些都是外缘。内因与外缘俱足，方能心想事成。

——中国书画院副院长、书法家翟鑫

I found SWOT's new book "Over the Rainbow" to be a compelling story which was both entertaining and thought provoking. It was written from the unique perspective of the Chinese author who has lived through multiple stages of life and recognizes that professional success, happiness and health are intertwined aspects of a balanced life. At various stages in our lives, these elements of our lives get out of balance and need correcting. Through the effective use of stories, the author helps the reader relate to the personal struggles which all of us face as we mature and try to balance all aspects of our lives. "Over the Rainbow" provides a simple set of rules on how to stay balanced and enjoy success, happiness and health and I am sure you will find this book to be helpful in your personal development and enjoyable to read.

我发现 SWOT 的新书《心想事成》讲述的是一个引人入胜的故事，既有趣又发人深省。它从一个独特的角度描述了作者所经历人生各阶段的生活，并认识到成功、幸福和健康的平衡才是人生的真谛。在人生的某个阶段，人们往往忽视某些元素而导致生活失衡，需要修正。作者试图通过故事的讲述，帮助读者了解人的成熟过程中所普遍面临的问题和斗争，并努力实现生活各方面的平衡。《心想事成》给人们提供了一套如何保持生活平衡并享受成功、健康、幸福的简单法则。我相信你会喜欢这本书，它会对你个人的发展大有帮助。

——美国 H.B.Fuller(富乐)公司总裁、CEO Jim Owens

注：《心想事成》一书的英文书名是"Over the Rainbow"，SWOT 是本书作者的英文名

OVER

THE

RAINBOW

前言

彩虹之上有个地方，在那里，人们的梦想都能实现

Somewhere over the rainbow, the dreams

that you dare to dream really do come true

彩虹之上有个地方，在那里，人们的梦想都能实现……多年以前，有位年轻人怀抱着梦想来京城打拼。刚来京城，一切很不顺利，他最急切的愿望就是要改变自己糟糕的现状。他虽然找到了一份体面的工作，但感觉压力重重，面临的问题越来越多，工作和生活很不开心。他感觉很疲惫，健康每况愈下。他心灰意冷，感觉自己很失败。正在迷茫之时，他遇到了一位智慧老人，老人告诉他成功、健康、幸福的简单法则，年轻人备受启发。他按照老人所说的去做，开始仍然很不理想。但他没有放弃，而是反复向老人请教，反复实践，终于掌握了其中的奥秘。他开始发生变化，变得更加自信，更富有创造性，工作效率更高……

在那彩虹之上的蓝天上，青鸟悠然飞翔……快乐的小青鸟飞过了彩虹，那么，我为何不能？十几年过去了，年轻人变成了中年人，他不断实践从智慧老人那里学到的东西，越来越游刃有余，事业、家庭、健康样样称心，生活充满了惬意，就像青鸟一样悠然地飞翔在彩虹之上的蓝天……

多年以后，中年人也成了一位受人尊敬的老人，他已经达到了他所敬佩的智慧老人的境界。他帮助众多的人走出了迷茫，教导人们面对复杂的问题时，如何找出简单有效的解决办法。这些简单法则代代相传，让越来越多的人成为成功、健康、幸福的人……

以上就是本书的故事梗概，本书的主人公其实就是作者自己。为了故事的需要，书中虚构了一些细小的情节，但书中的故事主体其实就是我生活的缩影。“年轻人”代表我的过去，“中年人”基本上就是现在的我，而“智慧老人”则是我未来所追求的境界，也是众多成功、健康、幸福老人的化身。

1993 年底，当我与其他 3 位同事一起创业时，正赶上邓小平“南方谈话”之后的第二波创业潮——知识分子“下海”。身为大学讲师，我当时不满足于 28 岁就能看到自己 60 岁时的工作情景，宁愿食不果腹也要选择充满不确定性的创业生活。 当时，“下海”意味着打破“铁饭碗”，意味着“破釜沉舟”，需要极大的勇气和冒险精神。

开始创业时，我的目的并不明确。后来，经过深入思考，我确立了自己的使命宣言：①我相信“平衡”是宇宙间的普遍原则，我要努力使自己的生活过得丰富多彩，创造一个遵循宇宙法则的和谐世界，保持事业、家庭、健康之间的平衡及内心的平和，做一个值得信赖、正直、宽容的人。②深入了解自己，发掘自己的潜力，对未知世界充满好奇，正视问题，迎接挑战，通过服务社会使自己获取成功，同时自身得到不断完善和提高。③我要在自己的后半生帮助他人寻找生命的意义，并依照自己的原则和价值观对他人产生积极的影响，帮助更多的人、更多的群体获取成功。

为此，2001年1月1日，我为自己制定了ABC(Adhesives-Business-Consultants)三步走的金字塔式人生规划：25~36岁专注于胶黏剂专业(Adhesives)，成为行业知名人士；37~48岁转向管理和投资(Business)，实现财务上的自由；48岁以后重点放在咨询和写作上(Consultants)，用自己的思想影响别人，影响世界。

1994 - 2003年，我主要负责公司的研发和质量管理。作为公司的CTO(首席技术官)，我建立了公司的研发体系，开发出所有的工程胶黏剂胶种；作为公司的首位管理者代表，我带领公司获取了ISO9001质量体系认证。经过10年的努力，第一阶段目标在2003年得以实现。我多次主持或参加国际、国内胶黏剂大会，发表论文20余篇，出版了《粘接与表面粘涂技术》《工程胶黏剂》等6部胶黏剂方面的专著，还担任中国胶粘剂工业协会副理事长。

2004年，我从技术转向管理和投资工作。2004 - 2008年的这5年，作为合资公司的法人和总经理，我开拓了电子用胶市场。2009 - 2013年的5年，作为公司副总裁、战略委员会主任，我主要负责公司的战略管理，带领公司制定了《2009 - 2023年发展规划》；我同时负责公司的 IPO（上市）工作，经过改制、材料申报，完成了证监会两次审核反馈；后来公司决定暂停 IPO，我又负责与美国 H.B.Fuller（富乐公司）的并购谈判、尽职调查以及成交整个过程。

2014 年 6 月 26 日，美国 H.B.Fuller（富乐公司）收购北京天山新材料技术股份有限公司的协议签订。经过半年多的商务部反垄断调查和政府审批，2015 年 2 月 2 日并购正式完成。这意味着我第二阶段的目标——“财务自由”得以实现。

目前，我正朝着自己第三阶段的目标——咨询和写作迈进。2014 年，我出版了《截断亏损，让利润奔跑——我的股票交易 15 法则》一书，它是我 10 余年股票投资经验的总结。2015 年，我出版了《创业者管理修炼——我这 20 年的奋斗感悟》一书，它是我 20 年创业与管理经历的感悟。相信无论是创业者、投资者、企业主，还是企业管理者、普通员工，都能从书中受益。

50 岁，孔子称为“知天命”之年。意思是到了 50 岁时已懂得天命，一切都造就了，没有什么大变化了。但对于我来说，50 岁则是新的开始，我将步入人生的崭新阶段——咨询与写作。《心想事成：如何成为成功、健康、幸福的人》一书的出版将是我重新开始的标志。

这本花两小时就能读完的励志小书，从构思到完稿却用了我 10 年的时间。本书所讲的成功、健康、幸福主题始于我 40 岁生日时写的感言，书中所述的“简单法则”框架其实在我“不惑之年”的 2005 年就已经确定了，我是这些“简单法则”的最大受益者。10 余年来，我依照这些法则不断实践，不断思考，不断完善，最终于

2015年成书，可以说是十年磨一剑。

本书是我50年人生经历的感悟，是我心灵的呼唤，也是我对自己后半生的期望，更是献给广大读者的一份礼物。希望本书能对广大读者有所裨益，使广大读者成为成功、健康、幸福的人。由于本人理工科出身，文学功底薄弱，水平所限，不当之处也敬请广大读者批评指正。

翟海潮

2015年12月

目录

OVER
THE
RAINBOW

放飞梦想

有位来京城打拼的年轻人，开始很不顺利。正在迷茫之时，他遇到了一位智慧老人。老人的教诲点燃了年轻人对成功、健康、幸福的追求……

1

昨夜的一场春雨驱散了京城多日的雾霾，雨后的天气格外的晴朗，蔚蓝的天空飘浮着朵朵白云，被雨水打过的嫩叶显得尤其翠绿。清新的空气给人一种清爽、惬意的感觉。中年人拿起尘封多年的长笛吹了起来，一曲《春之歌》之后，他又吹奏了一首《梦幻曲》……中年人对长笛感觉有些陌生了，多年以前他曾是学校乐队的长笛手，刚毕业不久还参加过几场业余演出。但自从来京城打拼以来，由于忙于工作，他十几年没有吹奏过长笛了。

妻子从室内出来，招呼中年人去修整花园，中年人很乐意帮忙，他感觉这些年欠夫人的太多了。十几年来，他一直忙于事业，没日没夜地工作，与妻子待在一起的时间太少了。经过多年的奋斗，如今中年人实现了财务自由，他已经不在公司任职，终于有时间陪伴妻子了。

中年人实现了自己多年的梦想，开始了他下半生的新生活——咨询与写作。他决心帮助更多的人成功、健康、幸福，以自己的思想影响别人，影响世界。

中年人很喜欢与人们分享自己的思考和体验，他与许多人保持着沟通，这些人当中，各个年龄段、各种工作背景的人都有，甚至还有国外的。有些人见过面，而大多数人是没见过面的，大都是网友和他的“粉丝”。他每周会抽出大半天时间通过网络与朋友们交流，每年还受邀到全国各地进行几场演讲，也有一些国际交流。但许多邀请都被他婉拒了，中年人觉得，他很不善于演讲，他更喜欢阅读和写作，写作令他陶醉。另外，他每年都会抽出一些时间陪夫人和孩子进行一两次国内或国外旅游，以弥补多年以来对家庭的亏欠。

花园中，中年人正在夫人的指导下修剪树木花草，看着夫人满脸的笑容，他感觉很满足。不大的院子里，夫人设计的花园非常精致，四周是树和灌木，玉兰、海棠、戴博、黄栌、丁香、紫薇、琼花、锦带、连翘、醉鱼草、绣球，中间是月季、鸢尾、萱草、风信子……铁线莲分布其间，还种了许多草本花卉，杂样儿，有名字的、没名字的都有。此时，各种花竞相开放，漂亮极了，夫人很为自己精心设计的花园自豪。微风中，鸟儿在枝头欢唱，蝴蝶在花间飞舞。中年人思绪万千，他想起了往事，想起了他多年来的奋斗岁月……

2

多年以前，年轻人怀抱着梦想来京城打拼，凭借自己的能力，他找到了一份还算体面的工作，在一家公司总经理办公室做些写文件、打印、复印之类的事。尽管生活充满了艰辛，租地下室居住、吃方便面、挤公交上班……但能在京城立足，他感到非常自豪，因此，再苦再累也都算不上什么了。

随着时间的推移，年轻人遇到的问题越来越多：公司快速发展，要写的文件堆积如山，他感觉每天都有做不完的事；每天下班回来，他都感觉自己比前一天更疲惫，健康每况愈下。他对自己的工作和生活实在太失望了，但又不知道该怎么办。

一天，年轻人为了赶写一份文件加班到凌晨两点多钟。第二天一早，他到公司把文件交给了老板，终于松了一口气。他感觉很困，刚坐下不久，老板找他说还需要做些修改，并强调修改后务必在下午 2 点前把文件送到一家媒体公司。改好稿已经到了午饭时间，年轻人没有一点胃口，简单吃了几口就出发了。

坐了公交又转乘地铁，刚出地铁口，外边电闪雷鸣，大雨倾盆。

“该死！”他骂道。

“屋漏偏逢连夜雨”，他嘟囔着。“怎么这么倒霉?”他开始埋怨自己的命运，“老天为什么偏偏和自己作对?”他想。

出地铁还得走几百米路才能到媒体公司，而雨丝毫没有要停的迹象。一想到 2 点前必须把文件送到，他毫不迟疑地冒雨向媒体公司奔去。

刚跑了几步，他听到后面有人喊:“小伙子，你要去哪?”年轻人回头一看，是一位打着伞的老人，他看到老人头发花白，但神采奕奕，而令他印象深刻的还有老人那双深邃、带着微笑的眼睛。

年轻人告诉老人 2 点前要赶到某公司送文件。“我家也在那边，正好顺路，一起走。”老人说。

路上，老人问年轻人:“你看起来好像有什么负担，是不是?”年轻人向老人讲述了自己的苦闷和失望，老人听到年轻人的叹息声，十分坚定地说:“小伙子，千万不要灰心丧气，每个人都有足够的能力创造自己美好的未来。只要决心成功，困难就永远不会把你击垮”。

听到老人的话，年轻人十分震惊，感觉一股暖流涌向心头。

他感觉老人是那么的自信，那么的慈祥，年轻人觉得虽未曾见过这位老人，但感觉又曾相识。

聊着聊着，两人到了办事地点。老人跟年轻人说自己退休十几年了，每天下午坚持到地铁口旁边的公园散步。春夏秋冬、风吹日晒从不间断，如果有事可以去公园找他。

年轻人记住了老人的话，并向老人道谢。望着老人离开的身影，年轻人充满了感激。

每个人都有足够的能力创造自己美好的未来。
只要决心成功，困难就永远不会把你击垮！

3

年轻人办完事出来，雨过天晴，天空出现了一道彩虹，漂亮极了。彩虹激起了年轻人无限的遐想，他的心情顿时好了许多。年轻人边走边看，当路过一所幼儿园门口时，他听到幼儿园的喇叭里正在播放《七色光之歌》：

“太阳，太阳，给我们带来七色光彩，

照得我们心灵的花朵，美丽可爱。

今天我们成长在阳光下，

明天我们去创造七色世界。

啸，啸，啸，啸，

……

七色光，七色光，太阳的光彩，

我们带着七彩梦走向未来。”

听着歌曲，年轻人回想起了自己童年的快乐时光和少年时的梦想。和许多人一样，年轻人也有过天真烂漫的童年，在草地上玩耍，在小河里戏水，多么的快乐……

“大江歌罢掉头东，邃密群科济世穷，面壁十年图破壁，难酬蹈海亦英雄。”少年时，他充满了理想，周恩来的诗句令他激动，他决心发奋读书，长大了为社会做贡献。

自从来京城打拼，年轻人整天忙碌，他感觉迷失了方向，陷入了为挣钱而拼命的怪圈。他反复思考，觉得人生不应该是这样。

人生到底应该追求什么？年轻人开始思考，他从暴风雨联想到彩虹，又从彩虹联想到红、绿、蓝三原色。他觉得人生应该像彩虹一样绚丽多彩，精彩的人生应该以成功、健康、幸福为基石，就像七色光芒以红、绿、蓝为三原色。成功、健康、幸福缺少了任何一项，人生就不可能圆满。

年轻人认为，自己不能再消沉下去了，他要追求成功、健康、幸福。就像歌曲里所唱的，“带着七彩梦走向未来”。

走着走着，年轻人又想起自己喜欢的一首英文歌曲《彩虹之上》，于是唱了起来：

Over the rainbow

彩虹之上

Somewhere over the rainbow, way up high

There's a land that I heard of once in a lullaby

彩虹之上，很高的地方

有一个传说中的乐园

Somewhere over the rainbow, skies are blue

And the dreams that you dare to dream really do come true

那里的天格外的蓝

在那里，人们的一切梦想都能实现

Someday I'll wish upon a star

And wake up where the clouds are far behind me

Where troubles melt like lemon drops

Away above the chimney tops

That's where you'll find me

有一天，我对着星星许愿

让我醒来时已经飞向蓝天

白云朵朵脚下飘

一切困难克服掉

Somewhere over the rainbow, bluebirds fly

Birds fly over the rainbow

Why then, oh why can't I?

在那彩虹之上的蓝天上，青鸟悠然飞翔

青鸟飞翔在彩虹之上

那么，我为何不能？

If happy little bluebirds fly beyond the rainbow

Why, oh why can't I?

如果快乐的小青鸟儿飞过了彩虹

那么，我为何不能？

（注：歌曲《彩虹之上》是电影《绿野仙踪》的插曲）

当唱到最后一句歌词“If happy little bluebirds fly beyond the rainbow，Why，oh why can't I?”时，年轻人激动地跳了起来，“对啊，如果快乐的小青鸟儿飞过了彩虹，那么，我为何不能?”他又用中文重复了一遍歌词。

“我要飞越生命的彩虹，实现自己人生的梦想，像青鸟一样翱翔在蔚蓝的天空!”年轻人抑制不住自己澎湃的心情，大声喊道。

如何实现精彩的人生呢？年轻人觉得肯定要经过努力奋斗，他想起一句歌词“不经历风雨，怎能见彩虹?”但他又拿不准，如何才能成为成功、健康、幸福的人？如何才能梦想成真？他很困惑，感觉这一切离自己是那么的遥远。

在回去的地铁上，年轻人又想起了暴雨中遇到的那位老人，他很好奇为什么老人看起来比自己认识的绝大多数人都更有活力、更快乐？究竟是什么让老人如此与众不同？他记起了分别时老人跟他说过的话，老人每天下午都会在地铁口附近的公园散步。因此，他决定周末去公园找老人谈谈。

OVER
THE
RAINBOW

不经历风雨，怎能见彩虹?
我们带着七色梦走向未来……

4

周末，年轻人到公园去找老人。见到年轻人，老人很高兴。老人发现年轻人无精打采、一脸困惑的样子。老人很担心，问年轻人有什么心事，年轻人讲述了自己的困惑。

“当我像你这么大的时候，也有过同样的烦恼和痛苦，你让我想起了许多前尘往事。你好像就是我当年的翻版。”老人说他开始步入社会时的情景和年轻人差不多。

年轻人向老人讲起了他上次办事回去的路上看到彩虹后的思考，他觉得人应该带着七彩梦走向未来。

“小伙子，万事始于思，你在思考人生，这是一个很好的开端。”老人说。

“那天的彩虹的确非常壮观，我也看着彩虹愣了半天。看着彩虹，你是在思考未来，而我是在回顾过去。回首往事，不因虚度年华而悔恨，不因碌碌无为而羞愧。我觉得我这辈子没有白活。”老人自豪地说。

年轻人了解到，老人从一家知名企业基层做起，一直奋斗到总裁，为企业和社会做出了巨大贡献，老人还是位热衷公益事业的知名人士。

“通过对彩虹的思考，我觉得精彩人生应该以成功、健康、幸福为基石，就像七色光芒以红、绿、蓝三原色为基色。但不知道从哪里开始?”年轻人问老人。

老人思考了一下，反问道:“你知道三原色交汇形成什么颜色吗?”

“三原色交汇在一起产生白色，”年轻人没做任何思考，立刻回答，他还想起了中学时做过的光学试验，“红、绿、蓝三色光汇聚产生白光。”年轻人补充道。

“小伙子，你太聪明了!”老人鼓励说。

“你说得很对，我也这样认为。美丽的彩虹由红、绿、蓝三原色混合而成,而人生的七彩梦想由成功、健康、幸福来编织。万事始于思，巨变始于心。一切从心出发，只要心是光明的，人生就是精彩的。”老人自信地说道。

听到老人的话，年轻人眼前一亮，但还是感觉困惑。他以前也曾听到过许多类似的话，什么“自己创造想要的一切，我们想成为怎样的人，就能成为怎样的人。就像《彩虹之上》歌词所唱 The dreams that you dare to dream really do come true(只要你敢做的梦都能实现)。”对这样的话他深表怀疑。

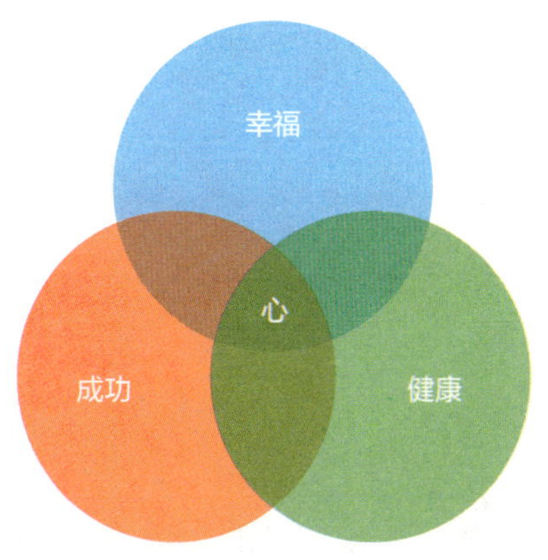

“目前社会上流行手相、星座、生辰八字等，而我目前的境遇、心情都非常糟糕。是不是？”年轻人有些不好意思说出口。

老人猜出了年轻人的心思，问道：“你指的是命运吧？”年轻人点了点头。

老人说：“我们的生肖、八字、星座，还有出生的环境，在我们出生时就已经定了，但是，人们通常却运用这些无法改变的事情，也就是各种命相运势的推估，去预测未来。这是人们前进路上的最大盲点和障碍。”

“您能详细说说吗？”年轻人一脸茫然。

“‘命’是自然冥运，为天理，非人力所制。在‘命’的面前，人只有无可奈何，仰天长叹。而‘运’是‘人力’，人的主观能动作用，‘运’掌握在自己手中。命运好像是一枚硬币，命和运便是硬币的两个面，缺一不可。谋事在人，成事在天。”

老人说道。

这时，年轻人想起了罗斯福说过的一句话："人并不是命运的囚徒，而是自己思想的囚徒。"年轻人在想，自己以前的想法太局限了，今后一定要消除自己头脑中的那些消极的、负面的、破坏性的想法，绝不能固守成见。通过老人的解释，年轻人认识到，万事始于思，这是基础。

老人继续说，"人的境遇、心情、健康都是自己思维方式、习惯和行为的结果。积极的思想，带来积极的结果；消极的思想，招致消极的结果。你要相信你自己内心最深处的智慧，冲破你为自己设下的限制，下定决心追求你想要的那种生活。"

年轻人明白了，巨变始于心，如果境遇要改变，首先要从心出发。一切力量皆来自于内心世界，要勇于承认现状、改变现状，努力实现自己心中的目标。

"我们头脑对待生活的态度，决定着我们的境遇。如果我们一无所望，我们就将一无所有。任何人都不能没有梦想。创造力全在于人的内心。人的心智构成了人与人之间的唯一差异。如果你毫不犹豫地投入到自己的梦想之中，就可以迅速调整自己，昂首挺胸，以积极的心态，去创造奇迹。"老人又说道。

年轻人一边听一边点头，觉得老人说得太对了。他们两人沿着湖边的小路走了很长时间，老人的话令年轻人欢欣鼓舞。老人性格幽默，才智过人，最重要的是老人始终保持着一颗平常心。这正是年轻人极少从其他人身上发现的，而且老人旺盛的精力简直和跟他一半岁数的人一样。老人已是年轻人心目中成功的典范，学习的榜样。此时，在年轻人眼里，老人已成了最值得敬佩、最智慧的人。

“您所说的‘一切从心出发’太好了，那成功、健康、幸福又怎么从心出发啊？”年轻人问。

“成功，需要从心出发，成功始于梦想，有志者，事竟成。我们必须先从‘心’着手，然后‘身’才跟着改变。一切的一切都源于内心，内心的渴望才是成功的关键。一切都由自己决定，最大的敌人是自己，命运掌握在自己的手中。无论环境如何，你的一生真正需要斗争和征服的是你自己。”老人说。

“那健康呢？”年轻人又问道。

“健康的身体也需要从心出发，病由心生，健康始于心理平衡，你只要做到心平气和，就掌握了健康的金钥匙。”老人继续说。

“那幸福呢？”年轻人有点迫不及待。

“幸福始于积极的心态，生活就像一面镜子，你朝它微笑，它也朝你微笑。只要我们拥有一种积极的人生观，幸福并不遥远。”老人回答。

两人边走边聊，不知不觉夕阳西下，年轻人觉得很不好意思，耽误了老人的时间。老人说他很乐意帮助，有什么事随时过来找他。

在老人的引导下年轻人明白了，每个人都守着一扇自内而外开启的“改变之门”，除了自己，没有人能为你开门，只要你愿意敞开心灵，抛弃旧有的思维，由内而外开启改变之门，从心出发，将思想转化为行动，成功、健康、幸福就在掌握之中。

回到宿舍，年轻人回顾老人讲过的话，信息实在太多了，后悔自己没带录音机，但老人说的“万事始于思，巨变始于心。一切从心出发，只要心是光明的，人生就是精彩的”，他一个字也没忘，他拿出笔记本随手写下了与老人谈话的要点。

第二天早上，年轻人一觉醒来，觉得整个人神清气爽。穿衣服的时候，他惊讶地发现自己的精力更充沛了。

OVER

THE

RAINBOW

从心出发

放飞梦想

• 万事始于思，巨变始于心。一切从心出发，只要心是光明的，人生就是精彩的。

• 人的境遇、心情、健康都是自己思维方式、习惯和行为的结果。许多人的生活环境往往是类似的，而人的心智构成了人与人之间的唯一差异。

• 彩虹之上有个地方，那里人们的梦想都能实现……美丽的彩虹由红、绿、蓝三原色混合而成，而人生的七彩梦想由成功、健康、幸福来编织。

THE SIMPLE RULE OF SUCCESS

成功的简单法则

成功到底是什么？如何才能成功？年轻人有些困惑。老人对成功的理解给年轻人耳目一新的感觉。老人还向年轻人介绍了成功的简单法则，年轻人按照老人所说的去做，开始很不理想。他反复向老人请教，反复实践，终于掌握了其中的奥秘……

1

自从在公园与智慧老人长谈之后，年轻人建立了自信，同事们都感觉他变了，甚至连他的老板也注意到了他的改变，还当面称赞年轻人的表现。

有一天，老板又让年轻人送文件到上次冒雨去的媒体公司，接收文件的还是上次那个女孩，年轻人看到女孩文静又可爱，对女孩产生了好感，心想上次怎么没注意到呢？他不好意思盯着女孩看，于是把目光移到了窗户，不经意间发现窗台上摆着各种各样的花，仙人球、绿萝……好多花他叫不出名字来。

许多天过去了，年轻人脑子里一直想着那个女孩。他好几次问老板有没有文件要送到那个公司，很不巧那些天确实没有文件送，年轻人心里有些着急。有一天，机会终于来了，午饭前老板告诉年轻人说下午两点要把一份文件送到那个公司去。年轻人兴奋极了，饭也没吃就出发了，他先到花市买了盆由各种颜色组合的仙人球，很漂亮。到了公司，他把文件交给了女孩，顺便送上仙人球，女孩很高兴，主动握手表示感谢。这倒弄得年轻人不好意思，他低头不敢直视女孩，却看到女孩胸牌上的名字。回单位后，年轻人心情激动，他犹豫了一会儿，最后还是决定给女孩写封信，表达对女孩的好感，问女孩愿不愿意做他的女朋友。女孩回信答应了，年轻人开始恋爱了。年轻人眼睛充满了光彩，脚步轻盈，微笑经常浮现在脸庞……

暑假，年轻人带着依依不舍的心情暂别女朋友回到家乡看望父母。父母见到儿子很高兴，虽说儿子看起来比以前瘦了许多，但神采飞扬，父母心里充满了无比的快乐。年轻人告诉父母在京城工作很顺利，还找到了女朋友。但说着说着，年轻人的泪水湿润了眼眶。男儿有泪不轻弹，也许是与父母久别重逢，也许是想起了在京城打拼的辛苦日子，各种感情交织在一起。母亲也忍不住流下了眼泪。

回到家乡的第二天，天下起了暴雨，雨后的天空出现了一道彩虹，年轻人迫不及待地走出家门，向着自己儿时的学校走去，听到教室里朗朗的读书声，年轻人仿佛身在其中。望着彩虹，年轻人又想起了暴雨中遇到的那位老人，是他老人家在自己迷茫时给予了帮助，重振自己对精彩人生的追求。望着彩虹，年轻人还想起了他远在京城的女朋友……

一道彩虹连接小镇与京城

我在这头，你在那头

我要沿着彩虹，向你奔去

带着儿时的梦想与憧憬

我们一起飞越彩虹

在那里，只要我们敢做的梦都能实现

……

回到京城，年轻人感觉精力旺盛，热情四溢。“每个人都有足够的能力创造自己美好的未来。只要决心成功，失败就永远不会把你击垮”“一切从心出发”，老人的话时常在耳边响起，给年轻人极大的鼓舞。

每天，年轻人都感觉自己身上有使不完的劲。但成功到底是什么？如何才能成功？年轻人还是有些迷茫。

年轻人注意到，目前社会上普遍认为的成功是财富、名誉、权力……他也关注一些媒体报道，比如有位很富有的企业家心脏装有六个支架；有些影星、歌星、体育明星吸毒被抓；有些政府高官因贪污受贿坐牢……他觉得如果是这样，财富、名誉、权力有什么意义。年轻人记得小时候的理想是“为社会做贡献”，长大后又觉得太空泛。年轻人越想越困惑，他决定周末再次去找智慧老人请教。

来到公园。看到年轻人满面笑容、神采奕奕的样子，老人很高兴，老人完全知道他的心思。

“上次见您收获太大了，”年轻人说。“您说的巨变始于心、化理想为行动，让我很兴奋，我决心要改变自己，但不知从何开始。”

年轻人问老人：“成功指的是财富、名誉、权力吗？”

“传统意义上是这样的。”老人回答。“但我觉得，成功是指事先树立的目标被循序渐进地变为现实的过程。真正的成功不是传统意义上的财富、名誉、权力，而是逐步实现有价值的理想，得到你想要的结果。简单来说，成功就是心想事成。”

“那么，成功的因素到底有哪些？”年轻人又问。

“成功可以用红色来形容，它让我们想起火焰，想起鲜血。成功需要奋斗，成功需要燃烧激情、抛洒热血！”老人回答。

“您能具体说一下吗？”年轻人觉得老人说得很有道理，继续问道。

“我认为成功有三要素：志、识、恒。‘志’指志向，也就是大家所说的理想，有志者，事竟成；‘识’指胆识、学识，这是成功的必要条件；‘恒’指的是恒心，即人们熟知的持之以恒，坚持不懈。”老人接着说。

“我可以录音吗？”年轻人掏出准备好的录音机。

“当然可以了。”老人答道。

OVER

THE

RAINBOW

• 成功是指事先树立的、目标被循序渐进地变为现实的过程。真正的成功不是传统意义上的财富、名誉、权力，而是逐步实现有价值的理想，得到你想要的结果。简单来说，成功就是心想事成。

成功的三要素：志，识，恒。

“志”指志向、理想。有志者，事竟成。

“识”指胆识、学识，它是成功必要的条件。

“恒”指的是恒心，持之以恒，永不放弃。

2

两人继续沿着公园的湖边散步，湖面波光粼粼，向远处眺望，松林与假山互相映衬，还可以看见平静的湖面上倒映着白塔。

“关于成功三要素，您能详细讲一下吗？”年轻人问。

“一切成就源于梦想，思想决定行动，行动产生结果，我们成就我们所想到的！”老人说。

“您的意思是说拥有梦想是成功的前提，是吗？”

“是的，梦想孕育着无穷的能量，梦想引领你去激发自己的潜能，引领你一步一步努力奋斗，实现自我。纵使荆棘丛生，九死一生，仍百折不回。”

说着说着，老人仿佛想起了自己多年前的奋斗岁月，最初自己也很迷茫，和年轻人目前的状态十分类似。

“那我首先必须想清楚要什么，是吧？”年轻人问。

“没错，凡是我们一直强烈渴望的，我们都能够得到。相信‘你能够’，必须把‘不可能’从你的生活中清除。倾听心灵的渴望，树立有价值的目标，你所能够想到的一切，只要你坚信，都能被你实现。”老人继续说到。

“那如何确立自己的目标呢？”年轻人又问。

“是啊，人生最难的就是认识自己。弄清楚自己真正想要的东西的确困难，需要不断寻找。”老人回答。

年轻人想起了“认识你自己”是希腊德尔斐神庙门楣上的名言，苏格拉底曾将其作为自己的哲学原则。但对于如何认识自己，年轻人还是一头雾水。

“你可以这样思考，假设你的生活不愁钱花，你最想做的事情是什么？当大部分人都选择放弃的时候，是什么在支撑你不妥协、不放弃？”老人继续说，“另外，成功还在于能否识别并发挥你的天生优势。”

“我不知道我的优势是什么？”年轻人很疑惑。

老人解释道，“优势说白了就是你天生能做一件事，不费劲，却比其他一万人做得好。弄清楚什么是你能做的？什么是你想做的？再进一步弄清楚什么是你最想做的？也就是说你最擅长的是什么？什么能带给你最大的快乐？”

年轻人似乎有些感悟，不断地点头。

“内心渴望的目标才可能达成，愿望要强烈到充满全身。如果能在脑海中勾勒出成功的景象，成功的概率就会大大提高！写出来的目标更容易实现。先想清楚自己想要什么，然后努力去做。如果你不能够说出来，而且不能说得非常具体，不知道自己到底想要什么，那你永远也不能站出来宣称拥有它。”老人继续说。

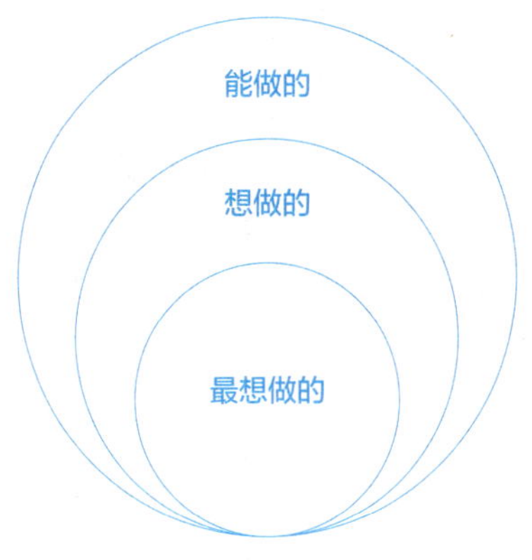

此时，年轻人突然想起了前些天阅读过的一篇文章，他向老人讲述了大致的内容：

哈佛大学曾对一群智力、学历、环境等客观条件都差不多的年轻人，做过一个长达 25 年的跟踪调查，调查内容为目标对人生的影响，结果发现：

27% 的人，没有目标；

60% 的人，目标模糊；

10% 的人，有清晰但比较短期的目标；

3%的人，制定清晰的长期目标并把目标写下来。

25年后，这些调查对象的生活状况如下：

3%的制定清晰的长期目标并把目标写下来的人，25年来似乎都不曾更改过自己的人生目标，并为实现目标做着不懈的努力。25年后，他们几乎都成了社会各界顶尖的成功人士，他们中不乏白手起家创业者、行业领袖、社会精英等。

10%的有清晰短期目标者，大都生活在社会的中上层。他们的共同特征是：那些短期目标不断得以实现，生活水平稳步上升，成为各行各业不可或缺的专业人士，如医生、律师、工程师、高级主管等。

60%的目标模糊的人，几乎都生活在社会的中下层面，能安稳地工作与生活，但都没有什么特别的成绩。

余下27%的那些没有目标的人，几乎都生活在社会的最底层，生活状况很不如意，经常处于失业状态，靠社会救济，并且时常抱怨他人、抱怨社会、抱怨世界。

“这篇文章很好。”听完年轻人的介绍，老人非常赞同地说。“每一天，我们都可能遇到对自己的人生和周围的世界不满意的人，你可知道，这些人中，有95%对心目中喜欢的世界没有一幅清晰的图画，他们没有改善生活的目标，没有一个人生目的去鞭策自己。结果是，他们继续生活在一个他们无意改变的世界上。”

年轻人认识到，把理想视觉化是成功非常重要的一步。

所有的成功，都是通过把意念恒久地集中于看得见的目标而实现的。目标使我们产生积极性，目标使我们看清使命，目标有助于我们安排轻重缓急，目标引导我们发挥潜能。

“是啊，树立并写下自己的目标太重要了，我回去一定按您的思路思考一下，写下自己的目标。”年轻人答道。

OVER

THE

RAINBOW

志：志向，理想

• 一切成就源自于梦想

存乎中，形于外。有志者，事竟成。

• 认识自我，锁定梦想

倾听你的内心，你的优势是什么?

你想要的到底是什么?

• 把理想视觉化，写出你的目标

如果你不能把目标具体化，那你永远也不能拥有他。

3

年轻人明白了，他觉得目前自己首先要做的是改变自己，用勇气、自信来取代胆怯，树立自己人生远大目标，然后付诸行动。他向老人讲述了自己此刻的想法。

老人说：“太对了！心再高再大，如果缺少行动的助跑，它怎么也飞不起来。有了梦想，如果你不采取任何行动，你的境况是不会自动改变的。一切的梦想都必须要经过行动的浇灌，才能生根、发芽、拔节、开花、结果。”

“成功是要付出代价的，说得干脆一点，成功的桂冠并不是为懦夫准备的。冒险吗？的确是这样。成功只属于那些有足够勇气和激情、一扫疑虑和恐惧而勇往直前的人。这意味着要放弃安逸，走出自己的舒适区。”老人继续说。

年轻人明白了，仅有好的文凭或好的分数是远远不够的，在现实生活中，人们往往是靠勇气而不是靠聪明去领先于他人的。人生最大的危险就是从不冒险,不冒险的人将一事无成。成功需要付出代价，自己也是放弃安逸生活来京城打拼的。

老人接着说:“成功是一个不断试错的过程，不断发现哪条路走不通，直至找到一条走得通的路，你就成功了。错误总是会发生的，你越早尝试，就越早犯错误，就越早进步，也就越早成功。”

年轻人认识到，如果要发展自己，就要从克服恐惧开始，大胆去尝试。只要有勇气并愿意去冒险，那么你的生命就会变得非常激动人心，勇敢的行为能锻炼人的性格并提供很多机会。

“另外，还要不断学习与自己目标相关的知识与技能，不断尝试，最终会弄清楚自己的优势。培养一种核心技能，在一项小范围的事业上追求专精，成为你所喜欢的事业，而且这个事业可以使你脱颖而出，有机会成为佼佼者。”老人说道。

年轻人觉得老人讲的都很对，但又觉得这些对自己来说实在太遥远了，自己目前的目标是养活自己。

老人看出了年轻人的疑虑，说道:“一步实现自己的最终理想是不现实的，如果能实现理想又能挣钱养活自己是最好不过了，但现实中往往二者不能兼得。因此，我们的首要目标是生存，然后是发展，最后才是自我实现。要循序渐进，但无论何时，都不要忘记自己的最终理想。”老人继续说。

年轻人想起了一句古老格言:“千里之行，始于足下。”他意识到，成功属于有所准备的人。在通往梦想的艰难而漫长的旅途上，要脚踏实地，不断学习与提高。先给自己设定切实可行的目标，确实达成之后，再转向更高的目标。人生的目标不在于成功，而在于不断成功，不断突破，不断向最高的境界挑战，成为某个领域的佼佼者。

“在你不断学习、放手尝试，主动参与、勇敢去做、勇于冒险的时候，成功就会不约而至。每天超越自己一点点。你会发现，在前行的每一步中你收获的经验，学到的观念，习得的技能，还有增长的自信，这些东西都将帮助你达到你的最终目标。”老人又说道。

听得正来劲儿之时，年轻人的 BP 机（寻呼机）响了，单位有急事，老板要年轻人迅速回单位处理，于是年轻人匆匆告别了智慧老人。

OVER

THE

RAINBOW

识：学识，胆识。

- **行动就是力量**

心再高再大，如果缺少行动的助跑，它怎么也飞不起来。

- **不断学习，大胆尝试**

不断学习，发挥优势，勇于冒险，大胆尝试。

- **脚踏实地，循序渐进**

树立阶段性目标，不断向更高目标迈进。

4

回去后年轻人开始思考如何能比别人捷足先登，他知道“早起的鸟儿有虫吃”，在别人看电视时他要努力学习，在别人玩游戏时他要加班工作。他觉得从现在开始，每天都要付出努力，因为机会不会从天而降，机会只会光临有所准备的人。

离开智慧老人，不知不觉几年过去了，年轻人结婚生子，还和别人合伙创办了公司。理想丰满，但现实很骨感。创业时期压力很大，年轻人经常加班，整天忙得焦头烂额，很少能顾及家庭。每天回到家，孩子哭闹，妻子抱怨……他失望极了，甚至想放弃，重新找份工作来养家糊口。年轻人刚刚建立起来的自信开始减弱，他犹豫不决，于是又决定周末去公园找智慧老人聊聊。

来到公园，老人注意到年轻人情绪低落，但仍然热情地招呼他：“我一直在等你来。”

老人明白年轻人的心事，肯定是事业不顺利才来找他，自己在早年的奋斗岁月中也遇到过多次挫折。年轻人向老人说了他目前的状况。

老人说：“无论你做什么，如果这件事情值得做的话，那么必定不会轻松。错误和失败在所难免。好的骑手都曾经有从马背上摔下来的经历，这是学骑马过程中必要的部分，未从马背上摔下就永远成不了好骑手。”

“你必须盯住目标，全神贯注。如果精力分散，能量就无法集中，就不会有任何成就。”老人继续说道。

与老人聊天非常开心，每次交谈都能从老人那里获得无穷的力量，从而也多增加了一分对老人的敬佩。

“真正有所成就的人，都是在某个领域里投入极长时间去经营，并专精于其中之人。因为就长远来说，投入越久会变得越有经验，会因精通而成为专家，并在全盘了解工作系统后，创造出一套可以大量复制的精简方式来让工作变得得心应手。”老人说。

“不管你选择哪个领域，都会面临竞争的压力。在奋斗的过程中，遭受困境，质疑，痛苦是很正常的事情。”老人继续说道。

年轻人想起了孟子的话并大声地背了起来，“天将降大任于斯人也，必先苦其心志，劳其筋骨，饿其体肤，空乏其身，行拂乱其所为也，所以动心忍性，增益其所不能。”

“你记忆力真好！倒背如流。”老人安慰道。

年轻人明白了，好事多磨，要善于从失败中学习，保持积极的心态，专注于想要的事物上。年轻人想起了几年前和老人相见时，老人曾说过成功的三要素是志、识、恒。当时由于有急事回公司处理而没有听老人讲完。

“几年前和您见面时您讲到成功的三要素是志、识、恒，您所说的‘恒’是指恒心，是吧?”年轻人问道。

“是的，一点没错。”老人回答道，“爱尔维修说过‘天才不在于其他，而在于持续的专注’。任何值得奋斗的事都需要长期努力和坚持，水滴石穿，坚持是关键。”老人回答。

听到水滴石穿这个成语，年轻人突然想起了亚伯拉罕·林肯。林肯终其一生都在不断地面临挫败，他曾经历两次经商失败，8 次竞选失败，但他永不放弃，最终成为美国历史上最伟大的总统之一。1831 年，林肯经商失败；1832 年，竞选州议员落选，工作也丢了，想就读法学院但进不去；1833 年，又向朋友借钱经商，但年底就破产了，接下来他花了 16 年时间才还清债务；1834 年，再次竞选议员，赢了！ 1835 年，订婚后即将结婚时，未婚妻死了，他的心碎了；1836 年，他精神完全崩溃，卧病在床 6 个月；1838 年，争取成为州议员的发言人没有成功；1843 年，参加国会大选落选；1846 年，再次参加国会大选，当选了！前往华盛顿特区，表现可圈可点；1849 年，寻求国会议员连任失败；1854 年，竞选美国参议员

落选；1856 年，在共和党的全国代表大会上争取副总统的提名，得票不到 100 张；1858 年，再度竞选美国参议员再度落选。林肯在竞选参议员失败时说：“失败不过是跌了一跤，并不是死去而爬不起来！”最终于 1860 年，林肯当选美国总统。

老人提醒年轻人说：“你知道吗？危机代表危险和机遇。机遇总是隐藏在危险之中，成功和失败只是一步之遥。黎明前总有最深的黑暗，你需要的仅仅是在那些黑暗的日子里能坚持下来，不要放弃。”

老人的一席话，又让年轻人重拾信心。年轻人觉得，失败确实会让人沮丧和绝望，但要学会拥抱失败，应该把失败视为通往成功的踏脚石，失败是成功之母。坚持不懈的决心和永不言弃的态度，将把你带到一个少数人才有机会体验的地方。

年轻人再次向老人道谢，告别了老人。

OVER

THE

RAINBOW

恒：恒心，持之以恒。

• 全神贯注

天才不在于其它，而在于持续地专注。

• 好事多磨

天将降大任于斯人也，必先苦其心志，劳其筋骨。

• 永不言弃

失败是成功之母，坚持到底，永不言弃。

5

这下子年轻人完全理解了成功的含义，还有成功的三要素。成功原来这么简单，回家后年轻人做了个总结。

成功的简单法则

成功是指事先树立的、目标被循序渐进地变为现实的过程。真正的成功不是传统意义上的财富、名誉、权力，而是逐步实现有价值的理想，得到你想要的结果。简单来说，成功就是心想事成。

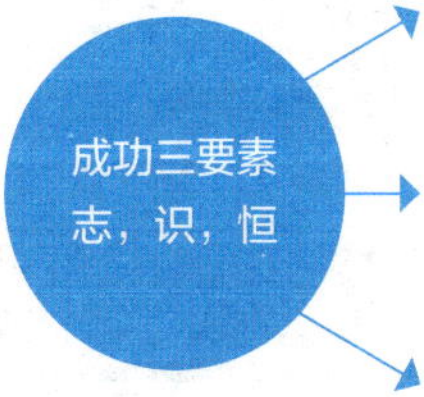

成功三要素
志，识，恒

志：志向，理想：☆一切成就源自于梦想。☆认识自我，锁定梦想。☆把理想视觉化，写出你的目标。

识：胆识，学识：☆行动就是力量。☆不断学习，大胆尝试。☆脚踏实地，循序渐进。

恒：恒心，持之以恒：☆全神贯注。☆好事多磨。☆永不言弃。

THE SIMPLE RULE OF HEALTH

健康的简单法则

经过不断努力，年轻人事业蒸蒸日上，但健康每况愈下。他向老人讨教健康的秘密，老人告诉年轻人健康的法则其实很简单，问题是大家往往做不到。老人还告诫年轻人，健康面前人人平等，它不因财富、地位的变化而变化……

1

与老人见面以后，年轻人更加努力了。在老人的帮助下，年轻人又恢复了信心，无论遇到再大困难，年轻人决心不再放弃。年轻人认识到天道酬勤，他坚信“一分耕耘一分收获”，他成了拼命三郎。经过不断努力，事业果然蒸蒸日上，他的公司取得了很大发展。

三年后，公司上市了。兴奋的同时，年轻人也倍感压力，整天想着公司业绩怎么增长，市值如何提升。他夜以继日地工作，事无巨细，事必躬亲。

不久以后，年轻人感觉身体欠佳，白发增多、耳鸣、颈肩腰劳损、心脏早搏……这都是由于近几年工作过度、缺少运动、急于求成、身体过分透支所致。

年轻人有些垂头丧气，郁郁寡欢，这时他又想起了智慧老人。几年来，他一心扑在工作上，经常出差在外，一直未见过老人，也不知老人身体状况怎么样了，他决定周末再去公园见智慧老人。

周日的下午，风和日丽，年轻人来到公园，看到老人还是那样的精神、那样的健康。几年过去了，老人一点都没有变样。

“你过得好吗？”老人问。

“有好有坏。”年轻人回答。

“好的方面是经过努力，公司突破了发展的瓶颈，上市了，公司的知名度越来越高了，成了行业的龙头。”年轻人向智慧老人讲述自己的近况。

“坏的方面是身体越来越差。”年轻人有些无精打采，老人很担心。

“健康是生命之本，叔本华说过，一个人所犯下的最大错误，就是为了别的利益牺牲了健康。”老人说。

“几年过去了，您看起来一点都没变，您是怎么保持的？健康的本质到底是什么？”年轻人问。

“健康可以用绿色来形容，绿色让我们想起森林、草原，绿色代表生机，绿色代表和平，健康需要身心的平衡。健康是基础，没了健康，一切都无从谈起。”老人说。

“健康是指一个人身体、心理和社会适应能力均处于良好的状态。有精神、有力气为“健”，五路畅通为“康”。通俗来讲，健康就是心平气和，吃、喝、拉、撒、睡顺畅。”老人答道。

“您有什么健康秘诀吗?”年轻人问道。

“哈哈，没有什么秘诀，但关于健康我有三条法则，简单极了。”老人说。

“哪三条法则?”年轻人着急地问。

“还记得以前给你说过成功需要燃烧激情、抛洒热血吗?而健康完全不同，健康需要的是平衡，就像孔子所说‘乐而不淫，哀而不伤’，热情似火或情绪低落都会影响健康，一个人的健康来自心理平衡、营养平衡和动静平衡。这三条法则，我称它为健康三要素，简单吧?”老人说。

“是啊，太简单了！大家耳熟能详。”年轻人回答。

“这三条你做得怎么样?”老人问。

年轻人沉思了片刻，回答到:“一条也没做好，您看公司天天面临竞争压力，怎么能心平气和?招待客户，胡吃海塞，哪来的营养平衡?天天忙于工作，连睡眠都很少，更谈不上健身运动了，哪来的动静平衡 ?”

年轻人在想，亚健康成了当代人的通病。忙碌的现代人，为生存，为事业，为名利，起居无常和劳作(包括房事)导致许多人未老先衰，甚至英年早逝。

“你需要调整自己，小伙子。这样下去不行。”老人关切地说。

“健康面前人人平等，它不因财富、地位的变化而变化。健康和一个人的遗传因素、性格因素、生存环境、生活习惯密切相关。先天因素难以改变，但我们应该从调整心理、顺应自然、改善环境、调理起居、调节饮食、运动健身等方面进行提高。”老人又说道。

年轻人觉得老人说得很有道理，他想起了前两天看到报纸上的一篇统计文章，世界卫生组织指出：健康长寿的影响指数中，遗传因素占15%、社会因素占10%、医疗因素占8%、气候因素占7%，而自我保健因素占60%。自我保健的作用实在太重要了，年轻人想，今后一定要加强自我保健，特别是运动健身。

老人继续解释道：“忠言逆耳，身体也是一样，有病时，身体告诉你的首先是不适与疼痛，一定要引起重视。疾病是警示，是告诫，是身与心的对话，如果你仔细倾听，找出生病的原因，找到问题的根源，然后加以修正，改变自己的生活方式和不良习惯，疾病就会自愈，人生就因此有所感悟。”

年轻人记住了老人的话，决心今后一定要把健康放在重要位置。

OVER
THE
RAINBOW

• **健康是指一个人身体、心理和社会适应能力均处于良好的状态。**

有精神、有力气为“健”，五路畅通为“康”。通俗来讲，健康就是心平气和，吃、喝、拉、撒、睡顺畅。

• **健康三要素：**心理平衡，营养平衡，动静平衡。

2

两人继续沿着公园的湖边散步，公园内有许多老人在锻炼身体，也有许多年轻夫妇带着孩子来公园玩。

年轻人想：老人讲的健康法则如此的简单，都是常识。但是，为什么大多数人做不到呢？

年轻人很纳闷，他继续向老人请教："关于健康三要素，您能详细讲讲吗？怎么才能做到呢？"

"首先病由心生。心理作用超过一切保健措施的总和，只要注重心理平衡，你就掌握了健康的金钥匙。"老人说。

年轻人觉得老人说得很对，自从感觉自己的身体严重不适后，他也非常关注有关健康的话题。他了解到，许多疾病都是由不良情绪引起的，坏心情有害于身心健康。中医认为，怒伤肝、喜伤心、思伤脾、忧伤肺、恐伤肾。

病由心生的典型例证是杯弓蛇影的故事，说的是古代有个叫乐广的人请朋友来家里喝酒。朋友举起酒杯，却看到杯子里有条蛇在晃动。朋友心里觉得很不舒服，可还是把酒喝了下去。回到家后，朋友越想越后怕，生病了。乐广听说后，马上去探望朋友。朋友说："那天在你家喝酒时，杯子里有条蛇！"乐广一听，怎么会有这种事呢？于是马上回家查看。原来在大厅墙上挂着一把像蛇一样的弓。而弓的影子，恰巧落在朋友放过酒杯的地方。乐广把情况告诉了朋友，朋友的病马上就好了。

年轻人还了解到，情绪大体上通过神经系统和内分泌系统对人体产生生理上的影响。不良情绪导致内分泌失调，降低人的防御能力，导致细菌入侵、病毒感染等。如果你感到沮丧抑郁，你的免疫系统也会充满沮丧，可能会被入侵的病毒或"叛变"的细胞击垮；如果你觉得自己像个病人，你的免疫系统也会变得缺乏防御，疾病也会在此时趁虚而入；如果你长时间压抑着未解决的愤怒，你的肝脏将屈服于压力，它将无法有效地发挥解毒功能。最后，这些情绪会导致身体疲劳，沮丧抑郁会因此介入而形成恶性循环。而良好的情绪，可以激发人体的免疫系统，从而提高人体的免疫力，这种平衡所产生的效力可能比世界上的任何药物都更加理想。因此，健康生活的第一要义就是保持良好的心态。任何形式的疾病都是一个讯号，提醒我们检视情绪，找到潜藏的真正原因。即使是普通的感冒，都意味着该向内探究，检视到底是什么事令你倍感压力：哪些情绪尚未解决？你的烦恼是什么？令你忧心，焦虑或恐惧的是什么？

年轻人最近还看了一篇关于性格与疾病关系的文章，他向老人讲述所看到的内容：

A 型性格易患心脏病，他们是工作狂，火爆脾气，不服气，充满竞争和敌意，嫉妒心强，一切为了赢。他们急于求成、不耐烦、匆匆忙忙，整天处于紧张与压力之中。

B 型性格是相对健康的一种性格类型，他们容易知足、不易急躁、较平静、能控制自己的情绪、时间观念不是特别强、性格随和等。他们对生活幸福的感知度较高，更容易觉得生活幸福。

C 型性格容易罹患癌症，他们往往压抑自我、克制自我，隐忍以求和别人或环境统一。爱生闷气，内心的痛苦不乐于表达，积压在内心，久而久之，导致疾病发生。

“太对了，心胸宽广是健康的根本，你看百岁老人，个个心胸开阔，性格随和，没有一个百岁老人心胸狭隘，脾气暴躁，鼠肚鸡肠，钻牛角尖的。”老人说。

年轻人认识到了心理平衡的重要性，决心调整自己，保持心态平和，即使情况令人忧虑，焦急，恐慌，也要镇定和愉快。他明白了，磨刀不误砍柴工，着急上火是没用的，人在心平气和的时候反而做事效率最高，还能带来健康。

OVER

THE

RAINBOW

心理平衡

• 病由心生

许多疾病都是由不良情绪引起的，坏心情有害于身心健康。怒伤肝、喜伤心、思伤脾、忧伤肺、恐伤肾。病由心生的典型例证是杯弓蛇影。

• 性格与疾病

A 型性格易患心脏病，他们是工作狂，火爆脾气，不服气，充满竞争和敌意。

B 型性格是相对健康的一种性格类型，他们容易知足、不易急躁、较平静、能控制自己的情绪、性格随和等。

C 型性格者容易罹患癌症，他们往往压抑自我、克制自我，爱生闷气，内心的痛苦不乐于表达，积压在内心。

• 心理平衡

心理作用超过一切保健措施的总和，只要注重心理平衡，你就掌握了健康的金钥匙。

3

老人接着讲起来营养平衡问题:“病由口入。因为很多人喜欢吃自己喜欢吃的，不吃自己应该吃的，从而导致营养不均衡，引起各种疾病的发生。也有许多人，为了事业天天应酬，大吃大喝，山珍海味不断。如今富裕的普通百姓，其餐桌上也以荤菜为主，结果富贵病已成为威胁当代人健康的主要杀手!”

年轻人想起当年学《生理卫生》时学到，人体需要蛋白质、脂肪、维生素、糖类、矿物质、水、纤维素七大营养素。蛋白质是一切生命的基础，脂肪和糖是人体能量的来源，维生素是维持人体健康所必需的物质，矿物质是骨骼、牙齿和其他组织的重要成分。水是人体内体液的主要成分，是维持生命所必需的，约占体重的60%。纤维素可以促进肠道蠕动，同时吸附多余脂肪、胆固醇等排出体外。

许多现代病是由于饮食不节制或偏食引起的，也有的由吸烟、酗酒所致，可见合理膳食对富裕的现代人是多么重要。因此，要了解自己在日常饮食和均衡营养方面的需求，力求营养均衡是人体健康重要的要素之一。

不适当的节食、暴饮暴食或缺乏平衡营养而造成的营养不良，不但使形体消瘦或肥胖，还使人体抵抗力下降，造成各种疾病，如糖尿病、高血压、心脏病等。

“如何做到营养平衡呢?”年轻人问。

“其实很简单，首先要有规律地饮食，不能大饥大饱，现在许多人不吃早餐是一个很不好的习惯。另外，要做到营养平衡，就不能偏食，要荤素搭配，主食与肉、蛋、奶、蔬菜、水果搭配。”老人回答。

“最后还要注意多饮水，水是维持生命必需的物质，机体的物质代谢，生理活动均离不开水的参与。人体细胞的重要成分是水。水还可以把人体有害物质排出体外。我已经养成了多年的习惯，早上起床后先喝 1 杯水，另外还要注意随时喝水以预防干渴，进行任何体力活动之前，一定要喝一些水。”

年轻人明白了，健康原来如此简单，关键是要引起足够的重视，养成良好的习惯。

营养平衡

• 病由口入

不适当的节食、暴饮暴食或缺乏平衡饮食而造成的营养不良或营养过剩，不仅造成人体消瘦或肥胖，还使人体抵抗力下降，造成各种疾病。

• 平衡饮食

要有规律地饮食，不能大饥大饱。要做到营养平衡，就不能偏食。要荤素搭配，肉蛋奶、蔬菜水果搭配。要注意饮水，水是生命之源，缺水会使人体许多生理功能受到抑制。水可以把人体有害物质排出体外，合理饮水有利于健康。

4

“那动静平衡是什么含义呢？”年轻人问。

“和心理平衡、营养平衡相比，动静平衡解释起来稍微复杂一些。”老人说道。

“‘动’包括劳动、体育锻炼等方面。其实因人而异，任何运动，比如散步、跑步、登山、打球、游泳……只要不过量，都有益于健康。坚持适量运动，可以畅气机、通气血、利关节，使机体充满活力，从而增强机体的抗病能力，延缓各器官的衰老。

“有句成语叫‘流水不腐，户枢不蠹’指的就是运动的重要性。动则不衰，生命在于运动，运动可以提高身体新陈代谢，使各器官充满活力，推迟向衰老变化的过程，尤其是对心血管系统，极为有益。”

年轻人觉得老人说得很有道理，他想起了法国医生蒂索曾说过："运动就其作用来说，几乎可以代替任何药物，但是世界的一切药品并不能代替运动的作用。"

道理大家都懂，经常而适度地进行体育锻炼，可促进血液循环，改善大脑的营养状况，促进脑细胞的代谢，使大脑的功能得以充分发挥，从而有益于神经系统的健康，有助于保持旺盛的精力和稳定的情绪。运动使人的心肌发达，收缩有力，促进血液循环，增强心脏的活力及肺脏呼吸功能，改善末梢循环。运动能增加膈肌和腹肌的力量，促进胃肠蠕动，防止食物在消化道中滞留，有利于消化吸收。运动还可促进和改善体内脏器自身的血液循环，有利于脏器的生理功能。运动能提高机体的免疫机能及内分泌功能，从而使人体的生命力更加旺盛。运动还能增强肌肉关节的活力，使人动作灵活轻巧，反应敏捷、迅速。

"运动养生是通过锻炼以达到健身的目的，因此，要注意掌握运动量的大小。运动量太小则达不到锻炼目的，起不到健身作用；运动量太大则超过了机体耐受的限度，反而会使身体因过劳而受损。"老人向年轻人解释。

年轻人很赞同老人的观点，他注意到西方一家保险公司曾调查了 5000 名已故运动员的生前健康状况后发现，其中有些人 40 ~ 50 岁左右就患了心脏病，许多人的寿命竟比普通人短。这是因为剧烈运动会破坏人体内外运动平衡，加速某些器官的磨损和生理功能的失调，结果缩短寿命，出现早衰和早夭。

所以，运动健身强调适量的锻炼，要循序渐进，不可急于求成。操之过急，往往欲速而不达。

运动健身的道理其实大家都懂，年轻人也不例外，关键是很多人很难养成良好的运动习惯。老人的讲解强化了年轻人对运动健身的理解，他决心改变目前的现状，工作再忙，也要坚持身体锻炼，养成良好的运动习惯。

“‘静’指的是什么？”年轻人又问。

“‘静’指精神上的清静和形体活动的相对安静状态，是与‘动’相对而言的，睡眠是静，冥想、打坐也是静。”老人回答。

“每天清晨醒来还‘没有醒过闷儿’的时候，是身心均未活动的自然状态，特别是睡觉无梦、自来醒的时候最能体会身心的安静。”

“你睡眠怎么样？”老人关切地问。

“很糟糕！”年轻人回答，“经常为工作而熬夜，还经常失眠。”

“千万不要忽视睡眠，睡眠是天然的补药，睡眠可以消除疲劳，让脏腑得到休息，同时通过气血的运行将各种营养输送到各个器官。除此之外，睡眠还可以增强身体的免疫力，康复机体。”老人说。

“另外，当你工作紧张时可以尝试一下入静，”老人说，“我当年工作紧张时经常这样，方式不限，打坐、冥想都可以。

入静就是忘我，入静应该是没有意识的，但又是清醒的，对事情视而不见，听而不闻。没有任何压力，心灵真正的安静。”

年轻人感觉老人的话很神秘，有点疑惑。

老人接着解释道:“比如，星星 24 小时都在，太阳升起了，我们看不到它们了，太阳落山了，星星又开始眨眼了。人入静的时候，就是使身体本能的星光浮现。”

这样解释年轻人明白了，入静就是“忘我”，入静能耗最少，入静能治病疗伤。打坐可以激发我们身体内的潜力，打坐是为了安心。其实，专注就是入静，入静是一种忘我的境界，不为环境而动。动中静、乱中静，才是真静。

老人特别强调说:“‘动’和‘静’都要适度，太过或不及都会影响人体的健康，导致疾病的发生。动而不至大疲，静而不至过逸。总之，动和静是相反相成的两个方面，要养生防病、益寿延年，就必须心体互用，劳逸结合，动静并施。”

辞别了老人，回家后年轻人回顾了一下老人所讲的健康三要素，它的确太简单了，但知易行难！年轻人决心按老人的建议去做，养成一种良好的生活习惯。

首先，为了减轻工作压力，年轻人去了一趟大草原，在敖包相会的地方，他学起了骑马。

蓝蓝的天空白云飘

白云下面马儿跑

挥动鞭儿响四方

百鸟齐飞翔……

年轻人心里感觉到难得的平静，心情好极了。他给自己定了一条规矩，无论工作再忙，每年也要出去旅游一两次。

饮食方面，他决定除了特殊情况外少参加聚餐，决不再胡吃海塞，一定要讲究食物的搭配以及饮食安全和卫生。

他还选择了一些适合自己的运动项目来做，比如每周游一次泳，每周做两三次健步运动，每天做一次广播体操等。工作繁忙时他用“内视放松”的方法来调整自己的身心，具体做法是双目垂帘后内窥，意观体内某一部位，达到入静的目的；放松是配合呼吸，用意念（默念“松”字）指挥身体各部位，按顺序解除紧张状态，达到放松目的。他还经常喜欢听一些古典音乐来缓解自己紧张的情绪。

动静平衡

•“动”则不衰

“动”包括劳动、体育锻炼等方面。坚持适量运动，可以畅气机、通气血、利关节，可以促进身体的新陈代谢，使机体充满活力，从而增强机体的抗病能力，延缓各器官的衰老。

•“静”是一种忘我境界

“静”包括精神上的清静和形体活动的相对安静状态，是与“动”相对而言的。睡眠是静，冥想、打坐也是静。睡眠是天然的补药，睡眠可以消除疲劳，让脏腑得到休息，睡眠还可以增强身体的免疫力，康复肌体。打坐可以激发我们身体内的潜力，专注就是入静，入静是一种忘我的境界，入静能治病疗伤。

•劳逸结合，动静兼施

“动”和“静”要适度，太过或不及都会影响人体的健康，导致疾病的发生。动和静是相反相成的两个方面，要养生防病、益寿延年，就必须劳逸结合，动静并施。

5

经过不断坚持和努力，年轻人的身体状况得到了好转，他感觉吃得香、睡得好、拉得畅、说得溜。

健康的简单法则

健康是指一个人身体、心理和社会适应能力均处于良好的状态。有精神、有力气为“健”，五路畅通为“康”。通俗来讲，健康就是心平气和，吃、喝、拉、撒、睡顺畅。

健康三要素
心理平衡
营养平衡
动静平衡

心理平衡： 病由心生。心理作用超过一切保健措施的总和，只要注重心理平衡，你就掌握了健康的金钥匙。

营养平衡： 病由口入。经过饮食调理确保人体营养平衡是健康与养生延年之大法。

动静平衡： 流水不腐，户枢不蠹。“动”则不衰；“静”是一种忘我境界，静能疗伤。劳逸结合，动静兼施。

THE SIMPLE RULE OF HAPPINESS

幸福的简单法则

几年过去了，年轻人事业有成，身体健康，但仍感觉在商海里面没有找到家园感。尽管成功给年轻人带来了许多快乐，但他的心里经常会出现一种说不清、道不明的悲伤。于是，他又去向老人请教，老人告诉年轻人快乐与幸福不是一回事儿。幸福到底是什么？幸福有哪些法则？年轻人与老人进行了深入的探讨……

1

下海创业几年过去了，年轻人车子、房子都有了，在当时社会也算得上是位成功人士。在智慧老人的指点下，年轻人也注意了心理调整、身体锻炼和营养平衡，目前年轻人身体状态很好。尽管如此，年轻人仍感觉在商海里面没有找到家园感。

前些日子年轻人看过一篇关于幸福测量器的文章，盖洛普设计的“幸福测量器”（Wellbeing Finder）从职业生活、人际关系、财务状况、健康状况、社会环境5个方面来考察人的幸福。如今年轻人身体健康，事业有成，人际关系良好，但并未感到非常幸福。他觉得有钱花确实感觉痛快，但感官的快乐总是片段式的，年轻人有时会仿佛没来由地感到一种说不清、道不明的忧愁，一种持续的悲伤，一种无法安慰的悲天悯人。于是，他又决定周末去公园找智慧老人聊聊。

来到公园，看到老人依然精神矍铄，但还是老了些，走路没有以前那么快了，毕竟岁月不饶人啊！

“我不明白，”年轻人问老人，“我身体健康，事业有成，为什么感觉不到特别幸福呢？”

年轻人还向老人介绍了幸福指数的概念，并问老人幸福是否可以衡量。

“幸福指数是个很好的概念，”老人说，“但我个人对幸福指数持怀疑态度，幸福指数非常主观，无法量化。当代人追求的大多包括生活安定、身体健康、心情愉快、事业有成、情趣丰富、兴致勃勃。这些条件满足了会给人带来一定程度的快乐，但这些满足了就一定幸福吗？我看不一定。”

年轻人有些诧异，他第一次听说快乐与幸福不是一回事儿。年轻人想，从字面上来看，“快乐”应该是“乐的事”来得快、去得也快。

“幸福和快乐有什么区别呢？”他问老人。

“快乐是‘幸福时刻’，快乐总是片段式的。快乐是享用一杯香甜的咖啡，是整晚在卡拉OK厅欢唱，是与爱侣和知己促膝谈心，是享用美味的巧克力……但生活中不是每时每刻都能欢天喜地，佳肴可口，吃多了就感到难受；美酒甘甜，快乐却不会随着杯数增加而增加；话语投机，总有谈兴阑珊的时候。持续狂喜的结果必定是筋疲力尽，乐极还可能生悲。”老人回答。

年轻人明白了快乐的含义，他觉得快乐的问题在于：越想过“好日子”，就越难接受“坏”现实。做了乐事之后自动产生的期望是永远无法满足的，因为再期望有同样的体验，但是同样的体验永远不会再有。

“那幸福呢？”年轻人问道。

“幸福是‘持久的快乐’，幸福是指一种令人满意的生活，但人生无常，不可能时时满意、处处满意。什么样的生活令人满意，因人而异。幸福完全是一种主观感受，自己觉得幸福就幸福。一句话，幸福就是心旷神怡，心境开阔，精神愉快。归根到底，幸福取决于价值观。人们对幸福的追求，往往找错了方向，越加追求物质，寻求快乐的时刻，结果越失望。”老人说。

“能详细说一下幸福吗？”年轻人问道。

“幸福可以用蓝色来形容，听过《青鸟》的寓言吗？青鸟代表幸福，青出于蓝而胜于蓝，幸福就像青鸟在蓝天上翱翔，自由自在……蓝色让我们想起蓝天、大海，蓝色代表纯净、代表宽广，幸福来自于人的豁达……”老人继续说。

“幸福部分依靠外界环境，部分依靠自身。但幸福的关键因素，取决于我们的内在品质，任何财富和权力都无法使我们免于痛苦。你事业有成、身体健康，这只是外部条件，真正的幸福来自内心。在一定意义上，金钱、地位能大大地增进幸福；而一旦超出这种意义，事情就不一样了。幸福是主观感受，幸福需要内在价值观的支撑。”

“那幸福有哪些要素呢?”年轻人问。

“我认为幸福有三要素：宽容，投入，意义。所谓人生的幸福和不幸，并不取决于我们的遭际，而在于我们如何对待它。生活就像一面镜子，你朝它微笑，它也朝你微笑。人是可塑的，幸福感也是可以培养的，只要我们拥有一种积极的人生观，乐观、豁达，投入到有意义的事业之中，幸福并不遥远。”老人说道。

• 快乐是“幸福时刻”，快乐总是片段式的，乐极还可能生悲。而幸福是“持久的快乐”，幸福是指一种令人满意的生活。一句话，幸福是心旷神怡，心境开阔，精神愉快。

• 幸福是主观感受，归根到底，幸福取决于价值观。人们对幸福的追求，往往找错了方向，越加追求物质，寻求快乐的时刻，结果越失望。

幸福三要素：宽容，投入，意义。

2

年轻人感觉醍醐灌顶，一下子明白了许多。

“关于幸福的三要素，您能详细讲一下吗？”年轻人又拿起了准备好的录音机录音。

“先讲讲宽容吧，”老人说道，“一个人想要获得真正的幸福和终身的快乐，首先应该有积极而包容的心态。”老人说。

年轻人在思考，人生活在自然和社会之中，逃不开三重关系，即人与自然和社会、人与人、人与自身。人每天都可能会遇到各种各样的事情，顺心的不顺心的，能改变的和不能改变的。怎么做才能算是宽容呢？他很困惑。

“人生不可能完美无缺，有顺境也有逆境，人要顺应自然，宽容别人，更要宽容自己。”老人说，“从本质上来说，宽容是一种自我保护的行为，因为它最大的价值就在于能够治疗自己内心的创伤。因此，宽恕别人，最大的受益者不是别人，而恰恰是我们自己。”

年轻人想起了他刚读过的一篇关于“人是不完美的”文章。他向老人讲述了文章大致内容。

人的本质是什么？一半是神，一半是兽。人都有缺陷，人是不完美的。一个人只有认识到自己的局限，才能成为一个真正的人，一个强大的人，一个觉醒而充满幸福感的人。有限的人想成为无限，不完美的人想成为完美，因为这种偏执，所以人们总是生活在痛苦和烦恼之中。要想从烦恼和痛苦之中解脱出来，首先要承认人是不完美的。承认不完美，人就会敞开心扉，接纳自己的缺点和错误，最终得到心灵的自由。相反，过于追求完美，人就会陷入烦恼、焦虑、自卑和痛苦之中。完美本来就是虚幻的，不真实的，所以越是追求完美的人，他们的痛苦就会越多、越深。

“确实是这样，”老人说，“是人就会犯错误，是人就会不完美……如果我们承认了这些，当我们遇到问题时，就会勇敢地去面对，而不会选择逃避。人生有许多问题都是无法逃避的，比如生、老、病、死，这一切都是人生常态，不管我们承认不承认，它都会发生，我们根本无法逃避。人只有接纳不完美，肯定痛苦的价值，才能从痛苦中找到快乐，从荒谬中找到意义，从喧嚣中找到宁静，从黑暗中找到光明。建议你读读《庄子》，读读《金刚经》，你会从中受到很大启发。”

年轻人明白了，万事万物都存在各种可能性，世界变化无常但也有其自身的韵律，高峰和低谷交替出现，就像日和夜、呼和吸，这就是自然的节奏。世界是矛盾的统一体，这个世界充满了善，也充满了恶。如果没有消极的一面，积极的一面也就无从存在。如果我们能够理解这一点，就更容易接受现实。认识到这一点，我们就能够接纳一切，接纳善也接纳恶，接纳和谐也接纳矛盾，接纳无畏也接纳恐惧，接纳欢愉也接纳痛苦，接纳喜悦也接纳忧伤，以及接纳生也接纳死。这样，我们就可以从充满矛盾的现实生活中找到和谐和幸福。

“那么幸福感怎么才能持久呢?”年轻人问。

“人生充满变数，我们既不逃避人生和世界的根本之苦，也不在这种苦中沉沦。接受人生根本性的矛盾，接纳生活中所有的元素，立足于感受真实的、完整的人生，如此产生的幸福感才能深刻而持久。”老人说道。

“能否获得这种充实和持久的幸福，完全取决于个人的人生观和思维方式。越是努力实现这种充实的生活，幸福感就越强。”老人补充道。

年轻人很认同老人的看法，他觉得把半杯水看成是“半满”还是“半空”，不只是一句老掉牙的格言而已，它是延续幸福的钥匙。无论你的人生观是什么，幸福都应包含这样一个最基本的道理：如果你选择了对几乎每一件事都去探寻它积极的一面，你就会得到幸福；而如果你选择了凡事都挑剔它不好的一面，你就会痛苦不堪。因为就幸福本身而言，在很大程度上取决于你做出的决定。

“那不快乐的原因到底是什么呢?”年轻人又问。

“许多人让自己不快乐，只是因为自己无法接受此时此地生命所呈现的事实。”老人回答说。

年轻人认识到，生活中存在各种矛盾：有顺利也有坎坷，有成功也有失败，有欢乐也有痛苦，有健康也有疾病，有喜悦也有悲伤，有满意也有失意，有充实也有单调。通往幸福的关键是个人要确定自己的人生态度，接受现实，解决问题，迎接挑战。在各种矛盾中找到平衡，这样就能顺着生活的河流而行了。

“如果你没有偏见、没有歧视，如果你是完全开放的，那么所有环绕你的事物都会变得非常有趣、非常活泼。如果你的心能容纳无限的经验，虽然饱经沧桑，却又能维持单纯，这才是朴素，我们必须具有内心的朴素，这种极为传统的心境，才能放下自我。把你的哲学、宗教、习俗、禁忌及其他一切都放下,因为它们都不是真正的生命。如果你被这些东西捆绑，你就永远无法发现生命的真相。”老人继续说道。

年轻人佩服得五体投地，感觉老人太有智慧了，真是说到自己的心坎里去了。年轻人想起了法国作家雨果说过的一句话：“世界上最宽阔的是海洋，比海洋更宽阔的是天空，比天空更宽阔的是人的心灵。”

“怎么才能使自己心胸变得更宽广呢?”年轻人问。

“首先是承认不完美，”老人说，“承认不完美，心灵才自由。承认不完美，我们就会在放弃中感受到释然；释然之后，我们就懂得了感恩；感恩让人们看到了自然的伟大，从而使自己变得谦卑；谦卑让我们接纳自己的不完美时，也接纳了别人的不完美，于是，我们就会变得宽容。宽容能让我们欣赏世界的丰富多彩，宽容能让我们了解到：人都有相同的顾虑、恐惧、悲伤和烦恼。”

听到老人的话，年轻人心花怒放，觉得感恩才是真谛。以前遇到事情总是责怪别人，就是不懂宽容。他突然明白了，感恩能让人们的心变得宽广，它教会人们从一个新的角度来看待自己，于是，人们就会感受到无处不在的爱和恩典。感恩是一种心态，一种心境。谦卑就是既不自大，也不自卑。谦卑就是学会面对现实，乐在其中，承认自己是圣徒也是罪人，是野兽也是天使。

“宽容就是接纳人们不同的地方，宽容的对立面是嫉妒和憎恨。嫉妒让人一心只想着别人的成功，而不去想成功背后所付出的艰辛。嫉妒会使人变得心胸狭窄，目光短浅，它不仅影响自己的进步，还会影响身体健康。而憎恨是人类头号敌人，憎恨让我们一心想着别人的过错。憎恨之人最大的问题就是封闭自己，让自己永远停留在被伤害的那一刻，永远把自己当成了一个受害者。而宽恕是人生苦难的终点，宽恕是上天的恩赐。”老人的一席话让年轻人茅塞顿开。

年轻人认识到，只要时时刻刻怀有一颗感恩之心，感谢所有给予你幸福的人和事，你就能自然而然地改变周围的人。不管遇到什么事情，我们都应该以积极的态度去面对，以感激、尽情享受的心态去接受。任何时刻，感恩都能奇迹般地治愈你的不适。它是消除焦虑、消除沮丧和转负面为正面的最快方法；它是从死胡同里走回正道的最快捷方式。当感恩取代了武断，平安就会散布你全身，轻轻拥抱着你的心灵，内心就会充满智慧、充满幸福。

OVER

THE

RAINBOW

宽容

• 承认不完美，心灵才能自由

人都有缺陷，一个人只有认识到自己的局限，认识到人类的局限，才能成为一个强大的人，一个觉醒而充满幸福感的人。

• 接纳生活中的所有元素

接受人生根本性的矛盾，接纳生活中所有的元素，立足于感受真实的、完整的人生，如此产生的幸福感才能深刻而持久。

• 感恩让我们的心胸变得更宽广

感恩让人们看到自然的伟大，从而使自己变得谦卑；谦卑让我们接纳自己的不完美时，也接纳了别人的不完美，于是，我们就会变得宽容。当感恩取代了武断，平安就会散布你全身，轻轻拥抱着你的心灵，内心就会充满智慧、充满幸福。

3

两人继续沿着公园的湖边散步，湖中有游人在划船，湖边的儿童乐园中，许多家长在陪着孩子骑木马，孩子们玩得很投入、很开心。

"'投入'指的是什么?"年轻人边走边问。

老人指了指正在骑木马的小朋友，反问道:"你看小朋友玩得多快乐，你小的时候感觉什么最快乐?"

年轻人挠了挠头，思考了一下，说道:"玩积木的时候最快乐，很有趣，可以建房子……"

老人向前探了探身，放慢语气说道:"一点不错，这正是你从中获得乐趣的活动。"

"'投入'指的是沉浸在你感兴趣的工作或活动之中，是吧?"年轻人明白了。

"是的，幸福的秘诀在于：使你的兴趣尽量广泛，一个人

的兴趣越广泛，他拥有快乐的机会就越多，而受命运之神操纵的可能性就越小，因为即使失去了某一种兴趣，他仍然可以转向另一种。”老人说。

年轻人觉得，有事干，往往会成为幸福的原因之一。然而一旦它过度的话，它就可变成极大的危害。确实有很多工作是非常单调沉闷的，工作太重也总是令人痛苦的，然而，假使工作在数量上并不过多的话，即使是单调的工作对大多数人来说也比无所事事要好。

“你听说过心流（flow）这个词吗？”老人问。

年轻人好像在哪看到过但又感觉有点陌生，“心流指的什么？”年轻人问道。

“心流指的是完全沉浸在一项引人入胜的活动中，时间好像停止，自我意识消失，就像你小时候玩积木的感觉。”

年轻人豁然开朗：“那怎么样营造心流体验呢？”

“做有兴趣或者具有挑战性的活动，要有清晰的目标和即时反馈，最重要的是要全身心地投入其中，达到忘我的境界。”老人说。

“发挥优势，得心应手能促使你获得心流体验。人生真正的悲哀不在于缺乏足够的能力，而在于未能利用与生俱来的天赋。”老人补充道。

年轻人认识到，每个人都有自己最擅长的领域，要试着找出自己最强部分，透过练习与学习加强，每天运用这些能力，便能更具成就感、更满足也更幸福。

OVER

THE

RAINBOW

投入

• 专注于感兴趣的活动或工作

幸福的秘诀在于使你的兴趣尽量广泛，一个人的兴趣越广泛，他拥有快乐的机会就越多。要幸福，就要投入到你感兴趣的活动或工作中去。

• “心流”体验，陶醉、忘我

完全沉浸在一项吸引人的活动中，时间好像停止，自我意识消失，这就是“心流”体验。

• 发挥优势能使自己更成功、更快乐

发挥优势说白了就是你天生能做一件事，不费劲，却比其他一万人做得好。发挥优势不但使你更成功，而且更快乐。

4

“宽容”和“投入”的内涵年轻人已经弄明白了，最后年轻人又与老人探讨“意义”的内涵。

“幸福的人生就是有意义的人生，是吧?”年轻人问。

“一点不错，你越来越深入到幸福的精髓了，继续说下去。”老人鼓励道。

“我觉得人与动物的最大区别是人具有灵性，灵性就是‘真切地感受到事情的意义’，幸福的人生就是有意义的人生。人是灵与肉的结合体，生命与精神，二者状态是好的，即可称幸福。人应该享受生命，但真正的享受生命是满足生命本身那些自然性质的需求，它们是单纯的，而超出自然需求的物欲却导致了生活的复杂，是痛苦的根源。”年轻人试着回答。

老人越来越感觉与年轻人心有灵犀，小伙子怎么和自己想的一样。“说得好，然后呢?”老人继续引导。

“在物质生活有保障之后，幸福主要取决于精神生活的品质。如致力于自己感觉有意义和感兴趣的事业等。生命若是单纯的，精神若是丰富的，便是幸福。”年轻人说道。

“人若感受到意义，就会感到幸福。那么意义到底指的什么呢？”老人追问。

年轻人很吃惊，本来是向老人请教的，老人怎么不断地追问起自己来了。

老人看到年轻人一时回答不上来，又问：“你反思一下，是什么造成了现代人的空虚？”

在老人的指点下年轻人在思考：他觉得物质文明发展到这一步，导致了一些人理想缺失，灵魂空虚、物欲横流，人们的精神堕入虚无主义，只能沉浸在金钱物质欲望和肉体感官刺激中，有各种不安和痛苦。

想到这里年轻人突然明白了，意义与价值观相联系，它涉及人与自然、人与人、人与自身的多重关系。他问老人：“意义指人生的追求，是吧？意义与人的身、心、灵相联系，它包括身体觉察的意义，心理感受的意义，灵感超验的意义。”

“太对了，”老人回答，“过度的追求使人们产生了无力战胜的内心空虚和外在寂寞。身住豪宅，心却感觉无家可归。”

确实是这样，年轻人想到，现代人不再视、听、嗅、动，而是长时间在屏幕前面（电视、电脑、手机等），知觉被缩减为视觉一种，而且视觉还被局限于一个狭窄的视野。人们不再发挥味觉，细嚼慢咽美食，而是满足于单调的快餐；人们不再运动而是任凭各种电动器械把我们运来动去。人们生活在虚拟世界，几乎不再寻找人生的意义。

老人的话太精辟了，年轻人心服口服。年轻人有些激动，嗓音有些哽咽地说道："要幸福，就要重新建立人与自然、人与人、人与自身的多重联系，是吧。"

"是的，人必须回归自然，人不能太近视，人类必须担负起生态保护的社会责任；人与人之间需要相互关爱而不是敌对，人不能以自我为中心，人需要超越自我！"老人也有些激动，声音有些沙哑。

"那怎样才能实现有意义的人生呢？"年轻人又问。

老人说："当想到有意义的人生时，我们会和目标相联系。我们真正需要的是让我们从内心感到有意义的目标。目标必须是自发的，它是为了实现自我存在的意义，而不是为了满足社会标准或是迎合他人的期望而设定的。当我们有这种目标感时，那种感觉就像是听到了'真我的呼唤'，它也被称为使命感，它是生命的喜悦。"

年轻人明白了，做一个幸福的人，必须要有明确的可以带来快乐和意义的目标，然后努力地去追求。要明确你的最终目的，首先要认识自我，写下自己的使命宣言、自我信条。撰写使命宣言犹如一次神奇的自我发现之旅，它提供机会让我们认清自我，并发现我们的潜能、兴趣及人生最深层的渴望。

如果没有更高的目的、使命感或理想，我们就无法发挥全部的潜能去追求幸福。

幸福，归根到底取决于价值观。不同的人会从不同的人生追求中找到人生的意义，“真我的呼唤”包括创业、做管理、做义工、做慈善、行医、科学研究、文化艺术、哲学研究……甚至养育儿女。重要的是，我们选择目标时必须确保它符合我们自身的价值、爱好以及优势。如果能把兴趣、优势、意义结合在一起，你就能踏上成功、健康、幸福之旅。

“寻找意义最终无疑会超越自我、超越有限，意义归属于和致力于某种你认为能超越自我的东西，它能给你带来持续的幸福。”老人说道。

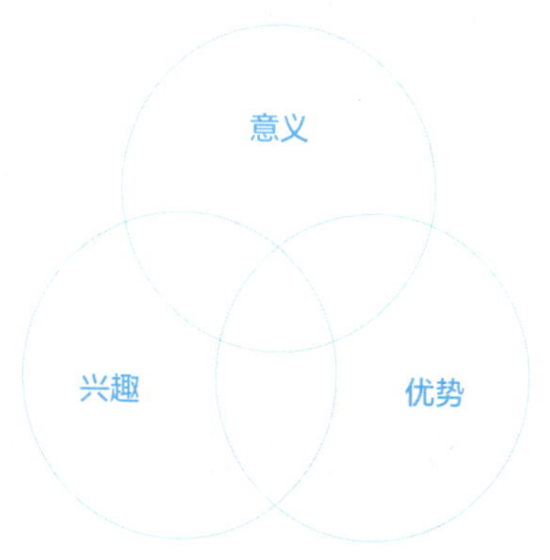

年轻人也曾看过一些有关灵性的书籍，感觉很神秘。现在他明白了，人活一辈子，身体会不断老去，但人的精神可以不断升华，由“小我”到“大我”再到“无我”。

年轻人向老人解释自己对精神升华的理解:“小我”是凡事先想对自己是否有利;“大我”是凡事考虑自己，更要考虑别人;“无我”单从字面上看会看成“没有我”，其实是“无限的我”。以自我为中心的“小我”，很少会顾及他人的感受，往往混成“单枪匹马”，结果一事无成。合力做事是“大我”，个体不再斤斤计较于对与错、得与失，不再相互对立，而是求同存异，大家共同受益，共同发展，是包容的心态。人类当中的大部分人都处于“小我”之中，他们以自我为中心，认为幸福的源头，或者问题的原因，都来源于“外界”。如果能上升到“大我”，你就会变得积极、主动、负责、自信、宽容、助人，认为幸福在于内求，问题的原因“有内有外”，你就会变得既成功又幸福。世界上仅有小部分人处于这种状态之中，而处于“大我”顶端的人群是大哲学家、大科学家、大艺术家，他们是孔子、亚里士多德、爱因斯坦……

最高境界是“无我”，它是融合博爱的心态。在遇到问题时，“小我”会与对方争执，把责任推给对方;“大我”会分析问题，承担责任，最终解决问题。“无我”会忘掉自己，把所有的众人当成自己，爱变得无条件、无国界。“无我”是一种威力无穷的能量，“无我”是一种纯粹意识状态，是一种永恒的感觉，可以超乎所有形体和时间之上。在这一层级的人，具有强大的感召力，像太阳一样光芒万丈，他们的能量场影响了整个人类。达到这一层次的人少之又少。“无我”层级的顶端是人类纯粹意识本身，它们代表了所有存在的无穷潜力、无限能力和无尽能量的源泉。

听完年轻人的叙述，老人激动地说："虚无主义、个人主义与自由给人类带来了一个严重的问题，人们变得越来越自私、越来越贪婪。而自私与贪婪恰恰是人们痛苦的根源，人的所

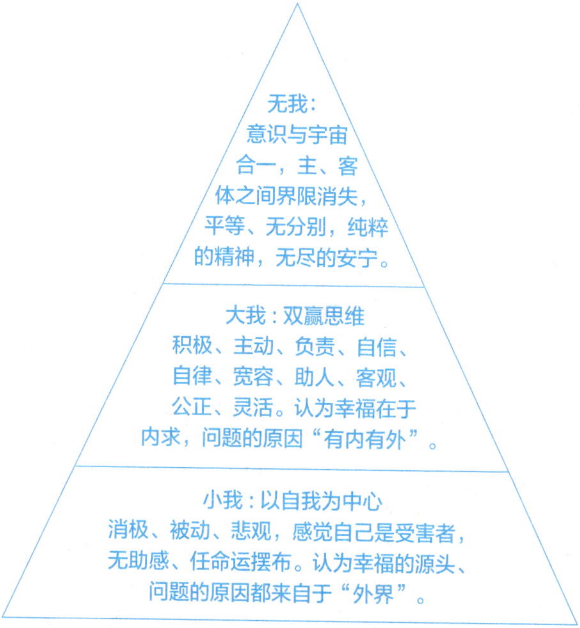

无我：
意识与宇宙
合一，主、客
体之间界限消失，
平等、无分别，纯粹
的精神，无尽的安宁。

大我：双赢思维
积极、主动、负责、自信、
自律、宽容、助人、客观、
公正、灵活。认为幸福在于
内求，问题的原因"有内有外"。

小我：以自我为中心
消极、被动、悲观，感觉自己是受害者，
无助感、任命运摆布。认为幸福的源头、
问题的原因都来自于"外界"。

有烦恼、伤痛都是因为'我'的存在。自私的人总是以自我为中心，总觉得别人欠他的，这样是不会幸福的。幸福的获得，在极大程度上是由于消除了对自我的过分关注。"

"比如喝酒，当喝醉了之后，就把自我的意识给模糊掉了，

忘记了我是谁，这个时候非常快乐。因为我们所有的痛苦都来自于‘我’，划定这是我的、那是你的，这样分了之后，就会发现我的还很少。喝酒的体验是暂时的逃避，而真正做到‘无我’，所得到的那种平安、喜悦、愉快，不是我们日常生活、世俗世界所能够提供的。”老人补充道。

听罢老人的话，年轻人扑通一声跪倒在地，向老人行礼膜拜，他觉得老人就是当今的圣人！老人赶快把年轻人扶起，两人紧紧地抱在了一起，年轻人热泪盈眶……

意义

• 幸福的人生就是有意义的人生

人与动物的最大区别是人具有灵性，灵性就是“真切地感受到事情的意义”，幸福的人生就是有意义的人生。幸福，归根到底取决于价值观。

• 追求有意义的目标

当想到有意义的生活时，我们会和目标相联系。我们真正需要的是让我们从内心感到有意义的目标，而不是为了满足社会标准或是迎合他人的期望而设定的。

• 超越自我

人的所有烦恼、伤痛都是因为“我”的存在。自私的人是不会幸福的，他总以我为中心，总觉得别人欠他的。幸福的获得，在极大程度上是由于消除了对自我的过分关注。

5

回家后，年轻人总结了一下老人所讲的幸福的简单法则。

幸福的简单法则

快乐是“幸福时刻”，快乐总是片段式的，乐极还可能生悲。而幸福是“持久的快乐”，一句话，幸福是指一种令人满意的生活，幸福是心旷神怡，心境开阔，精神愉快。幸福是主观感受，归根到底，幸福取决于价值观。

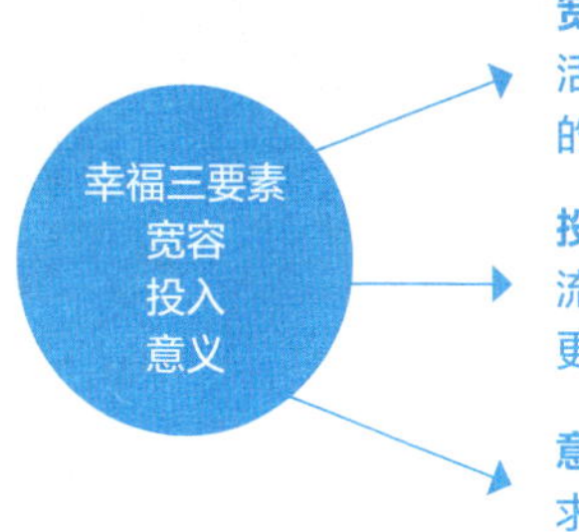

宽容： ☆承认不完美，心灵才自由。☆接纳生活中所有的元素，幸福才持久。☆感恩让我们的心胸变得宽广。

投入： ☆专注于感兴趣的活动或工作。☆"心流"体验，陶醉、忘我。☆发挥优势使你更成功、更快乐。

意义： ☆幸福的人生就是有意义的人生。☆追求有价值的目标。☆超越自我。

自从来京城打拼，十几年过去了，年轻人变成了中年人，他在不断实践从智慧老人那里学到的东西，感觉越来越游刃有余，事业、家庭、健康样样称心，生活充满了惬意。年轻人决定把从老人那里学到的成功、健康、幸福的简单法则，结合自己多年的经历和体验，整理成书与大家分享……

1

自从来京城打拼，十几年过去了，年轻人变成了中年人，他在不断实践从智慧老人那里学到的智慧，感觉越来越游刃有余。

中年人正享受着自己的工作和生活，但对有些问题他还是感到困惑。他觉得人生逃不开对“对与错、得与失、生与死”等问题的思考。这些年他把前两个问题“对与错、得与失”思考透了、看淡了，但对“生与死”的问题还是很困惑，他觉得还有许多问题需要向老人请教。

周末，中年人又一次到公园找智慧老人，可是没有找到，他不得不去老人家里寻找，家里人说老人去世了。中年人很遗憾没能参加老人的葬礼。后来他听说老人的告别仪式有许多社会名流出席，其中有许多他曾帮助过的年轻人、中年人，老人生前帮助很多人改变了他们的生活。

想到再也无法听到老人充满智慧的声音了，中年人感到心酸，中年人的心里受到了强烈的冲击，不知道如何应对这个变故。中年人以后要独立面对人生，需要自己独立创造未来。他不知道自己能否应付得来，想到这里，老人的声音仿佛又回荡在耳边："每个人都有足够的能力创造自己美好的未来，只要决心成功，困难就永远不会把你击垮。""一切从心出发。"老人虽然不在了，但老人传授给他的成功、健康、幸福的简单法则永远指导、激励着中年人。

中年人又一次来到公园，独自一人沿着以前与老人一起散步的路慢慢行走，他感觉老人就在自己的身边，他几乎可以听到老人的声音在重复以前说的话，他又一次感受到老人的智慧，感觉到老人关爱的温暖。中年人一边走一边思考，他觉得，人来到这个世界上纯属偶然，而死亡则是必然。死亡面前人人平等，它不以人的身份地位而改变。对待死亡的观点，决定了一个人面对人生一切问题的答案。

中年人认识到，人偶然来到这个世界上，终有一死，人最大的痛苦来源于对死亡的恐惧。人们担心的往往是未来的不确定性，既然死亡是确定的，那么对死亡的恐惧就是不恰当的，也是徒劳的。而直面死亡，人生反而会丰富起来，直面死亡实际上能驱散愁云。蒙田认为，我们的房间应该要有一扇可以俯视墓地的窗户，那会让一个人的头脑保持清醒。

中年人认为，面对死亡，正确的方式不应该是恐惧，而

应该是感激，感激我们拥有生命。既然我们终将死去，那么我们应该怎样生活呢？因为一个人一生的时间有限，所以我们应该尽可能多地去体验，在还能这么做的时候，让生命包含尽可能多的内容，让人生充满意义。

中年人想起了尼采的一句著名的格言“爱你的命运”，意思是说发挥你的潜能，创造你所热爱的人生，成为你自己。这样，也只有这样，才能死而无憾。中年人认为，虽然死亡可以从肉体上摧毁我们，但死亡也能从精神上拯救我们。通过对“生与死”问题的深入思考，中年人找到了自己人生的最终目标，他要把从智慧老人那里学到的东西与他人分享！帮助更多的人成功、健康、幸福，让自己的生命充满价值。

中年人想，怎样才能像老人那样帮助他人呢？既然成功、健康、幸福法则如此简单，中年人觉得他首先要鼓励周围的人去做。他尝试把成功、健康、幸福的简单法则整理成一张张卡片，发给朋友们分享。

中年人总结道：彩虹之上有个地方，那里人们的梦想都能实现。美丽的彩虹由红、绿、蓝三原色混合而成，同样，人生的七彩梦想由成功、健康、幸福来编织。精彩的人生就像一个鼎（古代用以烹煮食物的器具，三足两耳），靠成功、健康、幸福三只脚来支撑。用鼎能烹饪出丰富的美食，但任何一只脚折断，鼎就会倾覆。同样，成功、健康、幸福缺少了其中的任何一项，人生就不可能圆满。钱再多、权力再大、名声再响，如果没有了健康，一切都将化为乌有；同样，事业很成功，而活得不幸福，人生也是有缺憾的。

真正的成功不是传统意义上的拥有财富、名誉、权力，而是逐步实现有价值的理想，得到你想要的结果。简单来说，成功就是心想事成。

一个人所犯下的最大错误，就是为了别的利益牺牲了健康。有精神、有力气为“健”，五路畅通为“康”。通俗来讲，健康就是心平气和，吃、喝、拉、撒、睡顺畅。

幸福是一种主观感受，归根到底，幸福取决于价值观。人们对幸福的追求，往往找错了方向，越加追求物质，寻求快乐的享受，结果就会越失望。一句话，幸福就是心旷神怡，心境开阔，精神愉快。

要实现成功、健康、幸福的人生，首先要从心出发。

只要心是光明的，人生就是精彩的。如果能把兴趣、优势、意义结合在一起，你就能踏上成功、健康、幸福之旅。

成功、健康、幸福的法则出奇地简单，成功的三要素是志、识、恒；健康的三要素是心理平衡、营养平静、动静平衡；幸福的三要素是宽容、投入、意义。

大道至简，知易行难。最有效的往往是最简单的，问题在于如此简单的事大家往往做不到。而一旦做到了，你就能飞越彩虹，梦想成真，成为一个成功、健康、幸福的人。

…… ……

出乎意料，卡片迅速在朋友圈传开，一传十、十传百……看到卡片，刚刚毕业走上工作岗位的大学生走出了迷茫；正在经历 7 年之痒、闹离婚的小两口和好了；整天忙于工作的中年人决定重新认识自我，要在事业、家庭、健康等方面寻求平衡……许多人看了感觉受益无穷，意犹未尽，纷纷要求了解卡片背后的故事。

中年人备受鼓舞，决定把这些简单法则结合自己多年的经历和体验整理成书与大家分享……

OVER

THE

RAINBOW

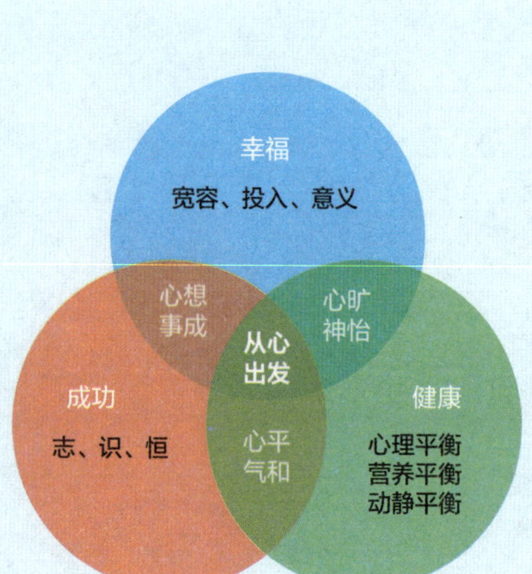

心想事成：如何成为成功、健康、幸福的人

2

白云朵朵脚下飘，一切困难都被克服掉。如果快乐的小青鸟儿飞过了彩虹，那么，我为何不能？

十几年来，这句歌词一直响彻在年轻人的耳边，激励着他不断成长，如今年轻人已步入中年，事业、家庭、健康样样称心，生活充满了惬意，他就像青鸟一样悠然地飞翔在蓝天上。

中年人把自己的书定名为《心想事成：如何成为成功、健康、幸福的人》。书出版发行后，没想到竟有那么多的人喜欢。能够帮助别人，他感到非常欣慰、非常幸福。

书的出版和如此受欢迎给了中年人更多的自信。如今，他已经实现了财务自由，他已经不在公司任职。他决心重新开始，在自己的后半生从事咨询和写作，与人们分享自己的人生思考，帮助更多的人获得成功、健康、幸福，同时让自己的思想也得到不断升华……

“你在想什么?”夫人的一声询问把中年人的思绪又拉回到了眼前，如本书开头所述，中年人正在与夫人一起在花园修剪树木花草。

“想起了多年来的奋斗岁月，”中年人答道，“岁月如梭啊！最近老想起以前的事，有时像在梦中一样！”

“当年，你一盆五色仙人球就把我追到了手，没想到和你在一起吃了那么多苦！”夫人说道，她也想起了当年。

“哈哈，是啊！当年我还给你吹过牛，说嫁给我，将来我会送你一个花园。”中年人盯着妻子调皮地说，意思是他没有食言。

说着说着，两个人拥抱在了一起。多年来，尽管免不了曲曲折折、磕磕碰碰，但两人还是相互支持，相互理解，一路走来，充满了艰辛和幸福。

修整完花园，中年人又回到室内写作，他已经养成良好的生活习惯，每天写作时间固定，雷打不动。上午写新作品，中午小睡一会儿，下午与夫人一起散步，回来后修改以前作品，晚上用来阅读、看电视，陪家人。

中年人感觉生活很充实、很幸福、很惬意……

尾声

OVER THE RAINBOW

多年以后，中年人也成了一位受人尊敬的老人，他已经达到他所敬佩的智慧老人的境界。他帮助众多的人走出了迷茫，教导人们面对复杂的问题时，如何找出简单有效的解决办法。这些简单法则代代相传，让越来越多的人成为成功、健康、幸福的人……

京城的秋天格外的迷人，五彩缤纷，黄的、红的、绿的……天高高的、远远的，云淡淡的、轻轻的，田野里瓜果飘香。秋天是收获的季节，也是欢乐的季节。

在这秋高气爽的日子里，一天，一对夫妇带着他们的女儿登门拜访老人，感谢老人几年来对他们的帮助。

做客的时候，小女孩非常喜欢听老人讲话。觉得同老人在一起很有意思，老人一定有什么特别之处，虽然她说不出那是什么。老人看起来非常快乐，她也变得很快乐而且更自信。

回去的路上，小女孩问爸爸："老爷爷多大了？"

“你猜呢？我的宝贝闺女。”爸爸反问道。

“别难为女儿了！老爷爷今年 90 了。”妈妈急忙答道。

“哇塞！不会吧？怎么看起来像60多岁啊！这么大年纪怎么还那么健康，还那么开心啊？”小女孩感觉很惊奇，“老爷爷以前是干什么的啊？”小女孩问道。

“老爷爷开始是工程师，后来是企业家，再后来变成了作家……”

没等爸爸说完，妈妈抢着说：“老爷爷可是爸爸妈妈的精神导师！”

“而且还算是爸爸妈妈的红娘呢。”爸爸插嘴说。

“什么？”小女孩更诧异了。

“回家妈妈给你看一本书，是老爷爷几十年前写的。”妈妈继续说道。

“是两本一模一样的书，我和你妈珍藏着，它是我们最珍贵的礼物，还准备你长大后送你一本呢！”爸爸插话。

“十多年前，有一天爸爸、妈妈乘地铁上班，那是我们刚工作不久，一个偶然的机会，坐到了一起，坐稳后我们俩都掏出一本书看，哇，同一本书！我们俩就此认识了！”

“哇塞！好浪漫啊！”小女孩有些好奇，“什么书啊？快说书名，我上网查一下！”

小女孩有点等不及了，妈妈说：“《心想事成：如何成为成功、健康、幸福的人》。”

小女孩戴上“智能眼镜”，说了声书名，“智能眼镜”里出现了书的简介，有彩色的画面。“里面有彩虹、三色圆圈，好漂亮！但，有点看不懂。”小孩子激动地喊了起来。

“好闺女，你现在天真烂漫，可能看不懂，可能还不需要看，等你长大了一定有用!”爸爸说。

“再过几年，爸爸妈妈会把这件珍贵的礼物送给你，也希望你能与朋友们分享!”妈妈说。

小女孩点了点头……

此时，爸爸妈妈随着汽车音响播放的《彩虹之上》歌曲，哼唱了起来：

彩虹之上有个地方

那里人们的梦想都能实现

……

快乐的小青鸟儿飞过了彩虹，

那么，我为何不能?

……

致谢

本书初稿写成后，我拿给许多朋友看。他们当中有40后、50后、60后、70后、80后和90后，年龄在20~75岁。他们来自不同的领域，担任不同的职位。朋友们对本书的认可和赞赏给了我很大的鼓舞，同时他们也提出了许多宝贵的修改建议。这本书经过多次修改才最终成稿。

他们是：康会欣，张艳，孙凯，翟堃，吴建丽，黄海，谢宇航，丘远良，周文亮，张晓辉，付小芳，亢锦，陈果，赵世琦，何昭骅，甘建军，刘保仓，施璐佳，施李，彭园，张凌云，霍肖宇，郎清义，郑惠英，曲延兴，马麟，郭红，孙杨正，狄建修，任晓林，安春雷，廖巍，江忻玺，刘晶，王延津，侯一斌，田保堂，袁素兰，艾少华，任伟，龙泊，陈宾，张凯会，李铭水，朱英华，梁滨，曲军，王丛笑，赫林，岳晓文。

在此，对朋友们所给予的认可与帮助表示衷心地感谢！

图书在版编目（CIP）数据

心想事成：如何成为成功、健康、幸福的人 / 翟海潮著 . — 南京：江苏凤凰科学技术出版社，2017.7

ISBN 978-7-5537-8123-5

Ⅰ . ①心… Ⅱ . ①翟… Ⅲ . ①成功心理 - 通俗读物
Ⅳ . ① B848.4-49

中国版本图书馆 CIP 数据核字 (2017) 第 075990 号

心想事成：如何成为成功、健康、幸福的人

著　　主	翟海潮
责任编辑	倪　敏
责任监制	曹叶平　　方　晨
出版发行	江苏凤凰科学技术出版社
出版社地址	南京市湖南路 1 号 A 楼，邮编：210009
出版社网址	http://www.pspress.cn
印　　刷	北京旭丰源印刷技术有限公司
开　　本	880mm × 1 230mm　　1/32
印　　张	4.5
字　　数	134 000
版　　次	2017年7月第1版
印　　次	2017年7月第1次印刷
标准书号	ISBN 978-7-5537-8123-5
定　　价	35.00元

图书如有印装质量问题，可随时向我社出版科调换。

OVER

THE

RAINBOW